지은이 **짐 오타비아니** *Jim Ottaviani*

1997년부터 과학자에 관한 그래픽 노블을 집필해 왔으며, 《파인만Feynman》으로 '뉴욕타임스 베스트셀러 1위 작가'라는 명성을 얻었다. 지은 책으로 앨런 튜링의 전기 《앨런 튜링》, 제인 구달·다이앤 포시·비루테 갈디카스의 전기 《유인원을 사랑한 세 여자》, 노벨물리학상 수상자이자 봉고 연주자이며 타고난 이야기꾼인 리처드 파인만의 전기 《파인만》 등이 있다.

그린이 **릴랜드 마이릭** *Leland Myrick*

다양한 매체에서 활발한 활동을 이어가는 삽화가이자 작가. 《스위트 컬렉션The Sweet Collection》《브라이트 엘레지Bright Elegy》 《미주리 보이Missouri Boy》의 삽화를 맡았으며, 〈다크호스 코믹스Dark Horse Comics〉〈GQ 재팬GQ Japan〉〈보그 러시아Vogue Russia〉, 〈플라이트Flight〉 시리즈 등에 글과 그림을 연재하고 있다.

옮긴이 **최지원**

연세대학교 신문방송학과를 졸업하고 미국으로 건너가 에머슨 대학에서 미디어 아트를 전공했다. 현재 번역에이전시 엔터스코리아에서 출판기획자 및 전문번역가로 활동 중이다. 옮긴 책으로 《한나 아렌트, 세 번의 탈출》 등이 있다.

감수자 **오정근**

중력파를 통해 우주 탄생의 비밀을 풀어가는 물리학자이자 과학 작가. 국가수리과학연구소에서 선임연구원으로 재직 중이다. 2009년부터 중력파 연구를 이어가며, 중력파 검출 국제 거대 프로젝트인 미국의 라이고LIGO와 일본의 카그라KAGRA 연구단에서 활동 중이다. 한국의 중력파 연구단을 결성하는 데 참여했으며, 한국중력파연구협력단KGWG에서 총무 간사를 맡고 있다. 과학 작가로도 꾸준한 활동을 펼치고 있으며, 지은 책으로 《중력파, 아인슈타인의 마지막 선물》 《중력파 과학수사대 GSI》《중력 좀 아는 10대》 등이 있다.

호킹

HAWKING

호킹

짐 오타비아니 지음 ｜ **릴랜드 마이릭** 그림
최지원 옮김 ｜ **오정근** 감수

더숲

호킹

초판 1쇄 인쇄 │ 2020년 5월 10일
초판 1쇄 발행 │ 2020년 5월 20일

지은이 │ 짐 오타비아니
그린이 │ 릴랜드 마이릭
옮긴이 │ 최지원
감수자 │ 오정근

발행인 │ 김기중
주간 │ 신선영
편집 │ 고은희, 최현숙
마케팅 │ 김은비, 김태윤
경영지원 │ 홍운선
펴낸곳 │ 도서출판 더숲
주소 │ 서울시 마포구 동교로 150, 7층 (04030)
전화 │ 02-3141-8301
팩스 │ 02-3141-8303
이메일 │ info@theforestbook.co.kr
페이스북 · 인스타그램 │ @theforestbook
출판신고 │ 2009년 3월 30일 제 2009-000062호

ISBN │ 979-11-90357-25-8 (03400)

이 도서의 국립중앙도서관 출판예정도서목록(CIP)은 서지정보유통지원시스템 홈페이지(http://seoji.nl.go.kr)와
국가자료공동목록시스템(http://www.nl.go.kr/kolisnet)에서 이용하실 수 있습니다.
(CIP제어번호: CIP2020015633)

훌륭한 여행 동반자, 캣과 릴랜드에게
  −짐 오라비아니

나의 길을 찾게 해준 안드레아에게
  −릴랜드 마이릭

누가 내기에서 이겼는지는 나도 모르겠다.

호킹

갈릴레오 사후 300년(1942년 1월)

12년 전...

옥스퍼드

이 줄은 뭐죠?

이 가게에서는 빵을 살 수 있답니다.

아. 감사합니다.

병원에 가면 영양 보충을 충분히 하게 될 거야. 그러니까…

그 다음에도 한동안은 특별 배급을 받을 수 있겠지.

하지만 저녁 시간은 지루할 텐데…

괜찮으세요, 부인?

네, 저는 괜찮아요. 신경 써주셔서 감사해요. 누굴 좀 기다리고 있어요.

그때까지 시간을 어떻게 보낼지 고민 중이었어요.

나는 1942년 1월 8일에
태어났다.

갈릴레오가 죽고 300년이
지난 후였다.

전쟁 직후 우리 가족은 런던 북부의 하이게이트에 살다가
1950년에 세인트올번스로 이사했다.

그 무렵 메리와 필리파라는
여동생이 있었다.

나는 아직도 그 집에 대한
기억이 또렷하다.

세인트올번스
힐사이드 로드 14번지

런던에서 북쪽으로 32킬로미터
거리에 있는 커다란 빅토리아
양식의 주택이었다.

내 방을
보여줄게.

어디 말이야?
누구 마음대로
오빠 방이래?

사라 누나가 이 방은 나한테 딱 맞는댔어.

언니가 그랬다고? 알겠어.

우리가 제일 좋아하는 사촌이 과거에 하녀 방으로 쓰인 듯한 방을 내게 권했다.

그 방에서 자전거 창고의 지붕으로 기어 내려가면 집 밖으로 빠져나갈 수 있었다.

나는 그 후로도 우리 집에서 탈출로를 11개나 찾아냈다.

메리는 10개밖에 찾지 못했다.

하지만 그렇게 되기까지는 몇 년이 걸렸고, 내 친구들은 계속 '평범한 방식'으로 우리 집에 드나들었다.

어서 와, 바실. 위층으로 올라가자.

우리 집은 규모가 크고 한때는 세련된 건물이었지만 수리 상태가 좋지 않았다.

너희 아버지,
이번엔 어디로
가셨다고?

아버지는 이사하면서 꼭 필요한 집수리만 마치고 그 후로는 집을 손보는 데 크게 신경 쓰지 않으셨다.
그런 일에 익숙한 분이 아니셨다.

아프리카.

바실,
그것 좀
이리 건네줘.

그리고 어차피 1년의 75퍼센트는 집을 비우셨다. 전 세계
열대지방을 돌아다니며 질병을 연구하셨기 때문이다.

너도 크면
생물학을
전공할 거야?

아버지는 내가
그러길 바라시는
것 같지만…

난 화학이나
물리학이
더 좋아.

그래서 잘
모르겠어.

이런 반응을 일으킬 줄은 몰랐는걸!

난 확실히 화학이 더 재미있어.

스티븐?

별일 아니에요, 엄마. 그냥 간단한 실험을 좀 해봤어요.

그래, 알았다. 하지만 이제 저녁 시간이야. 바실도 밥 먹고 가는 거지?

네.

너도 더 놀다가 가고 싶지?

그럼.

아니야. 모노폴리는 그때그때 변형하는 데 한계가 있어. 나한테 훨씬 재미있는 게임 아이디어가 있어. 식사가 끝나면 자세히 설명해 줄게. 우선 요점만 간단히 말하면…

호킹어(1954년)

음식을 건네 달라는 얘기도 알아듣기 힘들었다니까.

호킹 가족이 하는 말을 누가 알아듣겠어? 다들 스티브처럼 쉴 새 없이 말을 내뱉잖아.

그래서 무슨 이야기를 했어?

스티븐이 개발한 '다이너스티'라는 게임이 있는데, 난 도저히 이해가 안 가더라고. 스티븐도 아직 완전히 파악하지 못한 것 같았어.

영원히 끝나지 않을 게임이라고나 할까. 이기는 방법이 전혀 안 보여.

이길 방법이 안 보이다니. 그거 우리 내기 이야기잖아!

하하, 그건 두고 봐야지.

안녕, 마이클.

존   바실   마이클

존, 바실. 뭐 하고 있었어?

학교에 가는 길이지. 넌 뭐 하는데?

누가 그걸 몰라?

세인트올번스 스쿨

알았어. 얼마 전에 스티브네 집에서 저녁을 먹었거든. 존한테 그 얘기를 하던 참이었어.

정말로 식사 때 다들 책을 읽어? 서로 말도 안 한다며. 정말 제정신이 아냐.

19

오호. 그럼 동생인 메리랑 얘기해볼래? 내가 메리한테 말한다!

예전에 학교에서 함께 자동 계산기 만들던 거 기억나?

EXIT

아냐. 하지만 메리가 확실히 제 오빠인 '아인슈타인'보다는 대화하기 편한 것 같아.

논리적이고Logical 통합된Unified… 만능Universal…

논리적인 총괄선택 컴퓨팅 엔진.* 줄여서 'LUCE'라고 부르면 되겠다.

마이클, 논리 얘기가 나왔으니 우리가 작업할 동안 네 의견을 말해줘.

네가 전에 이야기한 철학 문제에 대해 자세히 듣고 싶어.

좋아, 얼마든지.

야, 너희 그러지 말고…

나는 우리가 사는 우주가 어떤 곳인지 궁금해졌다. 과연 우주에 시작이 있었을까?

그 시작에 과연 신이 관여했을까?

그래서 나는 실험하다 폭발이 일어나는 화학도 좋았지만, 수학과 물리학에 더 깊이 빠져들었다. 물리학은 너무 뻔해서 조금 지루하기도 했지만.

내게 영감을 주는 수학 교사가 있어서 다행이었다. 타타 선생님 말이다.

응, 계속 말해봐.

* Logical Uniselector Computing Engine

20

신은 물리 법칙에 영향받는 존재인가?(1958년)

자꾸만 날 부추기잖아. 내가 얼마나 당황했는데.

너무 기분 나빠하지 마. 스티븐은 말투가 원래 그래.

아주 영리하게 핵심을 찌르지만 손재주는 최악이고 자기만의 '호킹어'를 쓰지.

얘들아, 너희도 수학 교과서에서 오류를 찾았니? 어떻게 그런 오류가 책을 교과서로 냈는지 믿기지 않았지. 아무리 봐도 잘못됐기에 증명하려고 풀어봤더니 오류가 맞더라고. 그때부터 숙제하기 싫어지더라. 너희는 어때? 오늘밤에 다시 LUCE나 만들지 않을래. 전에 만들어 놓은 회로도가 있으니까—

사실 나는 학교 성적이 좋지는 않았다.

이번엔 뒤에서 3등을 했구나. 스티븐, 학업에 **열중해야지**.

$$s_x = \sqrt{\frac{\sum_{i=1}^{n}(x_i - \bar{x})^2}{n-1}}$$

다른 애들도 그렇게 공부를 잘 하지는 않아요.

그러지 말고 **조금만 더** 신경을 써보렴.

아뇨, 제가 푼 공식이 맞아요.

스티븐, 그러지 말고.

선생님들 말씀이 머리는 좋은데 글이 너무 산만하고, 글씨는 알아볼 수가 없대.

학교생활 외에도 우린 가족끼리
여러 가지 활동을 했다. 특히 방학에…

주 의회에서 아버지의
이동식 주택에 강제로
철거 명령을 내리기
전까지는.

필리파와 엄마랑 같이
빅토리아 앤드 앨버트 미술관에 안 갈래?
아니면 메리랑 자연사 박물관에
가도 되고.

문화생활이나…

과학박물관

…
네
맘대로 해.

사교생활…

오후에
댄스파티에
데려다주기로 한 거
기억하시죠?

당연하지.
나도 얼마나
기대하고 있는데.

스티븐도
같이
갈 거니?

춤추는
자리에 빠질
순 없죠.

24

"우리 대학에 합격하셨습니다."(1959년)

두 분께 실망을 안겨드린 적도 많았을 것이다.

하지만…

생물학이 탐탁지 않은 건 알지만 그렇다고 원하는 전공을 선택할 수 있을 만큼 네 성적이 뛰어나지도 않잖아.

말대꾸하지 마. 의사는 언제 어디서든 필요해. 그러니 의학을 공부해. 물리학이나 수학으론 밥도 못 벌어먹어.

하지만 다른 가능성도 열어놔야지. 대안으로 화학을 선택하는 건 어때? 넌 화학도 좋아하잖아.

내가 옥스퍼드대학교에 편지를 보내주마.

훗날 나는 수학 교수가 되기는 하지만…

공립학교 이후로는 정식 수학 교육을 받지 못했다.

내가 세인트올번스 스쿨 졸업반일 때 우리 가족은 인도에서 생활했다. A 레벨 시험과 대입 준비로 나는 홀로 영국에 남았다.

그리고 1959년 3월, 옥스퍼드대학교에 시험을 치르러 갔다.

이틀간 다섯 편의 논문을 썼다.

면접관들의 질문에 답하는 일반 및 심층 면접도 봤다.

호킹 군, 다시 한번 말해보겠나? 이번에는 조금 천천히 말하게.

네에. 알겠습니다아.

아무래도
시험을
망친 듯했다.

하지만 내 생각이 틀렸다.

"A. S. 굿하트 학장님이 제가 자연과학대학의 장학생으로 선발됐다고 하셨어요."

"지원금은 1년에 최대 100파운드라고 하네요. 조만간 서류를 받아 신청하면 된대요."

"이번에 인도에 갈 때 신청서를 들고 갈게요."

"그리고 학장님께서… 아버지의 모교에 입학한 걸 환영하고 즐거운 학교생활을 하길 바라신대요."

"그럼, 다들 조만간 봐요."

"스티븐 드림."

"추신: 메리한테도 안부 전해주세요. 인도에 있는 모든 낙타와 무커지 박사들한테도요. 메리가 산 대나무 피리는 꼭꼭 숨겨주세요…."

인도는 나랑 안 맞을 거라는
메리의 말이 맞았다.

그래도 음식은
입에 잘 맞았다.

영국으로 돌아온 나는
바로 옥스퍼드에 입학했다.

17세였다.

내가 직접
지원하진 않았다.

그건 무시하고 그냥 교과서에 나온 증명을 보면 돼.
어려운 문제니까 먼저 주어진 정리를 그대로
받아들이는 게 나을 거야.

그리고 다음 주에
배울 장도 예습해오도록.

호킹?

...
네?

자발적으로
지원한 건
'회색인'들
뿐이었다.

성실한 노력파

따분한 스타일

고든 리처드 데릭

스티븐,
같이 펍에
가지 않을래?

미안,
난 내년까지
바빠.

나와는 다른 부류

데릭과 고든, 리처드는
물리학과의 유일한
동기생이었다.

성실하긴 해도
회색인들은 아니었다.

우린 자주 뭉쳤다.

…그뿐만이 아니야!
갈릴레오는 피사의 탑에서
물체를 낙하시킨 것 외에
세 가지 중요한 업적을
남겼어.

그리고 그가
죽고 정확히
300년 후에…

그래, 네가 태어났지!
귀가 따갑게 말했잖아.

아까 말한 대로
그는 망원경을 이용해 목성의
위성들을 발견했어.

그건 누구나
아는 얘기야.

방 안
공기가
후끈하네.

그런 발견을 통해
지구가 우주의 중심이
아니란 걸 확인했어.

게다가 망원경으로
목성을 관찰했는데
크기가 **점점 커지더군**.

하지만
별들은
그렇지 않지.

맞아, 그래서
별들은 **훨씬** 멀리
있다는 걸 알게 됐지.

그리고
망원경으로 더 많은 별을
찾아내면서

...우주에는
보기보다 많은 물질이
존재할 가능성을
열어줬어.

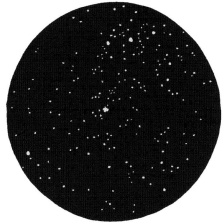

상상을
뛰어넘을
만큼.

거기다, 기본적인 과학적 방법론을
인류에 제공해준 것도.

알았어, 알았어.
좋아, 인정할게.

역사에 대해서는 그렇게 많은 이야기를 나누지는 않았다.
우리 주장의 기반이 된 건 뉴턴 경의 고전역학이었다.

다시 말해, 빛은 입자라는 것과
질량 곱하기 가속도로 정의되는
작용 및 반작용의 힘 그리고
미적분학이었다.

$M_\odot$

$$F_1 = F_2 = G \ \frac{M_\odot \times M_\oplus}{r^2}$$

입자가 아니라
'미립자'예요.
미적분이 아니라
'유율법method of fluxions'
이고요.

$M_\oplus$

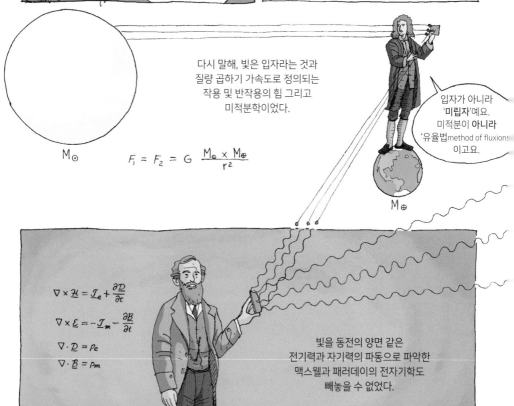

$$\nabla \times \mathcal{H} = \mathcal{I}_e + \frac{\partial \mathcal{D}}{\partial t}$$

$$\nabla \times \mathcal{E} = -\mathcal{I}_m - \frac{\partial \mathcal{B}}{\partial t}$$

$$\nabla \cdot \mathcal{D} = \rho_e$$

$$\nabla \cdot \mathcal{B} = \rho_m$$

빛을 동전의 양면 같은
전기력과 자기력의 파동으로 파악한
맥스웰과 패러데이의 전자기학도
빼놓을 수 없었다.

…그리고 블리니 교과서 10장 끝부분에 실린 문제들을 살펴보도록.

졸업 시험용 문제들이지만 풀 수 있는 대로 최대한 풀어봐.

2학년 교과서인 《전기와 자기》의 저자는 블리니 부부였다.

문제가 열세 개나 돼. 미쳤어!

데릭, 우리 힘을 합치지 않을래?

내가 점심 먹고 네 방으로 갈게.

나는 혼자서 풀어보고 싶어. 그래도 되지, 스티브?

물론이지.

…

그래, 그럼.

주어진 시간은 일주일이었다.

당시 나는 기상 시간이 늦은 편이었다. 지금도 비록 이유는 다르지만, 남들보다 하루를 늦게 시작한다.

하지만 과제 제출일이 되자, 친구들은 나를 억지로 깨웠다.

이른 아침부터

스티븐, 너도 가끔은 아침밥을 먹어야지.

그리고 숙제를 얼마나 했는지 서로 이야기해보자.

난 한 문제 겨우 풀었어.

"시간이 없어서 처음 열 문제밖에 못 풀었어."(1961~1962년)

우린 한 문제 반을 풀었어.

스티븐, 얼마나 했어? 우리 둘이 했다고 기분 나쁜 건 아니지?

뭐라고?

아, 숙제 말이구나. 난 아직 시작도 못 했어. 그게 어떤 장이었더라?

아무래도 난 아침 수업은 빠져야 할 것 같아….

첫 번째 원칙을 쓰고 나서,

우린 정오에 다시 만났다.

아, 거기들 있었구나.

그래서 지금까지 몇 문제나 풀었어?

그게…

실험 수업 때는 고든과 짝이 되어 **함께** 실습을 했다.

하지만 나는 그리 대단한
실험주의자는 아니었다.

그래서 자료 수집은 최소한으로만 하고…

이런. 미안해.
이 정도면…
충분하지
않을까?

물론이지.

적은 자료를 바탕으로 분석을 **엄청나게** 했다.

그리니치천문대

여름에는 왕립 천문대에서 리처드 울리의
수업을 들으며 내가 관측천문학에도
별 관심이 없다는 걸 깨달았다.

울리는 당시 왕실 천문관으로
쌍성을 측량하고 있었다.

그는 우주여행에 회의적이었고
다음과 같은 말로 유명해졌다.

부질없는
짓이야…
그런 건 해봤자
뭐에 써먹겠어?

과학은
이렇게 하는 거야….
이건 세상에서
가장 성능 좋은
망원경이라고.

게다가 오늘은
천체 관측에 최상의
날이야. 어서 와서 봐봐!

음.

거기선 내가 뭘 잘못한다고 펑 터지거나
하진 않았지만.

이건
그냥…

뿌연 불빛 두 개가
이리저리 움직이는 건가?

그 후로 내가 망원경을 들여다본 건
손에 꼽을 정도였다.

전 이론천문학이
더 잘 맞을 것
같아요.

친구들과 옥스퍼드로
돌아오니 잘나가는 애들은
전부 조정 클럽 소속에,
청바지는 절대로 입지 않았다.

아이시스(템스강의 이플리록 상류)

모두 준비!

나는 2학년 때부터 조정을 했다.

노를 젓는 건 다른 애들이었고 나는 키잡이였다.

멋지게 차려입고서 똑똑한 애들에게 명령을 내리는 역할이었다.

바우 페어, 폴 인.
스턴 페어, 폴 아웃.

나는 실력이 출중했다.

빠지직

미안,
'홀드 워터'라고
외쳤어야 하는데.

최소한, 목소리는 컸다.

우린 우승도 몇 차례나 했다.
팀원들은 나를 데리고 아주 전통적인 방식의 우승 세리머니를 펼쳤다.

3학년이 되자, 나는 몇 차례나 속수무책으로 넘어졌다.

아니, 내가 넘어졌다고 들었다. 처음엔 잠시 기억을 잃어 친구들을 걱정시키기도 했다.

난 누구지?

스티븐 호킹이야. 옥스퍼드 대학생이고. 조금 전에 굴러떨어져서···

맞다. 앞을 못 봤어.

하지만 누구도 심각하게 걱정하진 않았다. 나는 원래 좀 어설픈 애였고 기억도 돌아왔으니.

난 누구지?

기억력이 **완전히** 돌아왔는지 확인하려고 멘사 시험도 봤다.

확인 결과 문제없었다.

적어도 두뇌는. 그래서 나도 걱정하지 않았다.

옥스퍼드의 '회색인'들에게 내기를 걸다(1962년)

아,
그냥 관두자.

넥타이 따위 매지 않아도 됐다. 내가
졸업할 때쯤에는 이미 많은 게 변했다.

이제 똑똑한 애들은 조정을 하지 않았고, 청바지는…

필수품이 됐다.

하지만 하마터면
학교를 못 떠날 뻔했다.

기말고사를 앞두고 하루에
몇 시간씩 공부했지만 그동안
허송세월한 세월이 내 발목을 잡았다.

대학원에 진학하려면 1등급을 받아야 했는데
성적이 위태로웠다.

나는 입학 자격을 얻으려고 구술시험을 요청했다.

내 답변은 훌륭했고
특히 마지막 한 마디가
먹혔다.

1등급을 받으면
케임브리지로 떠나고,
2등급이면 옥스퍼드에
남을 겁니다.

그러니
1등급을 주셨으면
합니다.

그렇게 해서 나는
1962년에
케임브리지로 옮겼다.

43

지도 교수는 프레드 호일이기를 바랐다.
당대의 석학이었으니까.

하지만 그는
너무나도 바빴다.

케임브리지대학교
트리니티 홀

유명인이어서
신문 인터뷰나
라디오 출연 등도
잦은 편이었다.

BBC

그럼 이제 초기의
팽창우주에 관찰 시험을
적용할 수 있느냐 하는
문제가 발생하는데요.

내 지도 교수는 데니스 시아마였다. 유명하진 않아도…

그는 시간이 많았고,
게다가 우주론을 연구했다.

시아마

스티븐 군,
어서 들어오게.

당시의 입자물리학은 식물학과 너무 비슷해
보여서 나는 전공으로 우주론을 선택했다.

아니야,
보손은
이쪽으로 와야
하고…

그때는 아주 작은 물질에 대한 제대로 된 이론이
없었다. 그저 같은 족끼리 배열하는 법만 무성했다.

그렇다면 아주 큰 물질은
상황이 어땠냐고?
리처드 파인만이 어느 학회에
참석한 후 비판을 했어도
아인슈타인의 일반상대성이론은
견고하게 유지되고 있었다.

우주론은
실험을 하지 않아서
유효한 연구 분야라 할 수 없고,
따라서 우수한 연구자들도
찾아볼 수 없어요.

상대성이론의 간략한 역사(1751~1962년)

하지만 몇몇 우주론자들은
매우 뛰어난 실력을 보여주었다.

파인만이 불참한 학회에 로저 펜로즈도 참석했다.
심지어 그는 거기서 '펜로즈 다이어그램'을 발표했다.

로저는
시아마 교수와
친한 사이라서
나도 이내
그의 이론과 펜로즈
다이어그램을
접하게 됐다.

사각형의
각 변으로 무한대를
나타냈어요.
마주 보는 변들은
우주에서 같은 지점이죠.

설령 파인만이 옳다 해도 방치된 영역이야말로
발전 가능성이 무궁무진했다.

그렇게 해서
원환체가
나온 거군요!

일반상대성이론과 아인슈타인의 장 방정식이 제단에
고이 올려져 우수한 연구자들을 기다리고 있었다.

이는 벌써
오래 전부터 우릴
기다려온 이론들로…

거기까지 오는 데만도 오랜 세월이 걸렸다.
프랭클린의 실험에서부터 제임스 맥스웰의
이론이 확고하게 자리 잡는 데까지
100년이 넘게 걸렸다.

그렇게 확립된 맥스웰의 이론은
널리 퍼져나가
'전기'의 시대를 열었다.

하지만 맥스웰의 이론은 빛을 파동으로 취급했다.
그래서 **문제**라기보다는 조금 **곤란**해졌다.

빛이 파동이라면 매개체가 필요했기 때문이다.

음파는 공기를 통해 전달되고
파도는 물을 통해 전달된다.

그래서 물리학자들은 빛의 매개물질로
에테르라는 물질을 가정했다.

신기한 건 그렇다면 유리잔이든 어디든 완벽한 진공 안을
에테르가 꽉 채우고 있어야 할 텐데…

에테르는 어디서도 **감지**되지 않았다.

이를테면, 에테르 사이를 회전하는 지구는
늘 에테르 바람을 맞고 있어야 했다.

그러면 바람 방향과 반대일 땐 느려지고
같은 방향이면 빨라질 것이다.

간단한 실험은 아니었다. 지구가 태양을 도는 속력이
아무리 빨라도 빛은 그보다 10,000배나 빠르니까.

~299,970 Km/s

~300,030 Km/s

마이컬슨과 몰리가 이 까다로운 측정에 성공했다. 그런데 결과는?

지구가 에테르를 끌고 가든지(희박한 가능성), 에테르는 존재하지 않고 빛은 입자였다 (조금 더 높은 가능성?). 아니면….

이유가 뭐든 양방향에서의 속력은 일정했다. 그렇다면 빛은 다른 파동과는 다르다는 뜻이었다.

우리가 아는 그 무엇과도 달랐다. 그것도 아주 많이 말이다.

만약 입자라고 해도 다른 입자들과도 아주 많이 달랐다.

당연하죠. 빛은 **입자**가 아닌 **미립자**니까.

거기서 아인슈타인이 '광전효과'를 들고 등장했다.

걱정 마세요, 뉴턴 경. 빛이 입자… 아니, 미립자라는 걸 제가 증명하죠.

아인슈타인은 이것으로 노벨상까지 받았다 (상대성이론이 아니라)!

그는 빛이 **광자**('양자'라고 불리는 불연속적인 에너지의 덩어리)로 구성돼 있다는 걸 밝혀냈다.

그리고 이런 광자들은 전자(일정한 질량이 있는 입자라고 물리학계에 이미 알려져 있던) 사이를 마구 돌아다녔다.

따라서 맥스웰이 **명백하게** 파동처럼 움직인다고 설명한 빛은 또 **명백하게** 입자처럼 움직이기도 했다!

이미 내가 1704년에 말했잖아요. 그런데 파동 얘기가 왜 또 나오죠?

빛은 입자처럼 움직이는 파동이에요.

그리고 파동처럼 움직이는 입자죠.

이런 말도 안 되는 등가성은 명백한 모순을 수용하는 양자론의 코펜하겐 해석(보어와 하이젠베르크가 제창)을 뒷받침하는 기초가 됐다.

아인슈타인이 양자론을 받아들이지 않은 건 또 다른 이유에서였다.

정말 두 가지 다예요. 그것도 동시에 말이죠.

그렇다면 양자론은 모든 합리적인 현실 개념과 모순되는 거야, 닐스 군.

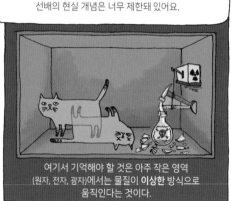

선배의 현실 개념은 너무 제한돼 있어요.

여기서 기억해야 할 것은 아주 작은 영역 (원자, 전자, 광자)에서는 물질이 **이상한** 방식으로 움직인다는 것이다.

1905년이 되자 아인슈타인은 **아주 큰** 영역의 이상한 특징들도 연구하기 시작했다.

내 친구들은 1905년을 나의 '아누스 미라빌리스'* 라고 부르지.

노벨상을 탄 광전효과에 특수상대성이론, 게다가 방정식까지? 그렇게 부르는 것도 무리가 아니죠.

* annus mirabilis, 놀라운-(기적의) 해

아인슈타인이 음악가였다면 (실제로 그렇기도 했다) 모든 사람이 샤워할 때 흥얼거리는 히트곡을 터뜨린 셈이었다.

그래, 좋아. 내 방정식. $E=mc^2$

우리가 그걸 연주하면 'C'조일 것이다. 빛의 속도 상수 말이다. 그리고 아인슈타인은 거기서 더욱 대담한 도약을 한다.

제한 속도 C

빛은 정확하고 일정한 속도로 움직여요.

- 299,972 km/s

당신이 어디서 관찰하든, 얼마나 빠르게 움직이든, 빛을 향해 가든, 멀어지든 상관없이 늘 같은 속도죠.

즉 빛의 속력은 **상대적이지 않아요.**

299,972 km/s

당시 사람들이 그런 통찰을, 그런 **사실**의 진술을 듣고 얼마나 대경실색했는지 아마 상상하기 힘들 것이다.

299,792 km/s

만일 당신이 빛을 타고 움직인다고 해도, 다가오는 빛이나 당신이 쫓아가는 빛이 당신과 같은 속력으로 움직이는 걸 측정할 수 있어요.

만약에 거기서 멈췄다면 그의 이름은 그저 천재와 동의어로만 남았을 것이다. 하지만 아인슈타인은 멈추지 않았고, 100년이 지난 지금까지도 수많은 물리학자가 그의 이론을 연구한다.

$$F = \frac{GM_1 M_2}{r^2}$$

중력에 관한 인류의 사고방식을 바꾼 그의 교향곡, 오페라, 미완성 상태로 끝난 필생의 역작 말이다.

$\frac{M_2}{2}$

그래서 내가 그것도 틀렸단 말인가?

아니오! 그러니까…. 네.

틀렸다기보다는… 불완전하다고 해야겠죠.

우주에 대한 인류의 생각을 완전히 바꿔놓은 그것, 바로 '일반상대성이론'이다.

무려 10년에 걸쳐 이 이론이 완성되는 데는 물론 헤르만 민코프스키나 마르셀 그로스먼의 도움도 있었다.

하지만 '아인슈타인'만이 창시자로 이름을 올린 데는 그만한 이유가 있었다.

이 방정식에 담긴 내용은 그가 빛의 속력을 깨달았던 것만큼이나 상상을 초월했다.

빛의 고정 속도뿐만 아니라 시간의 탄력적인 흐름도 모두 그의 상상력에서 나온 개념이었다.

서로 다른 중력 포텐셜을 지닌 시계가 반드시 같은 속도로 가야 한다고 가정할 필요는 없잖아.

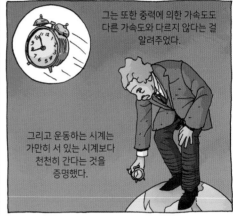

그는 또한 중력에 의한 가속도도 다른 가속도와 다르지 않다는 걸 알려주었다.

그리고 운동하는 시계는 가만히 서 있는 시계보다 천천히 간다는 것을 증명했다.

그렇게 큰 차이는 아니었다.

인간의 속력과 존속 시간에 관한 기록은 우주비행사 세르게이 아브데예프가 보유하고 있다.

미르 우주정거장에서 시속 27,360킬로미터의 속도로 748일을 지낸 세르게이는 궤도를 도는 동안 지구에 있었던 우리보다 0.02초 젊었다.

아인슈타인은 우주 시대가 열리기 훨씬 전에 이를 예측했다. 그의 또 다른 예측인 휘어진 시공도 사실일 듯했으나 관측이 어렵긴 마찬가지였다.

아인슈타인은 중력이 질량처럼 공간에 영향을 미칠 수 있다고 보았다.

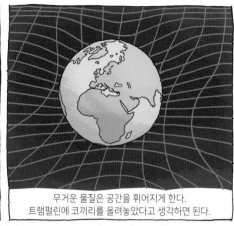

무거운 물질은 공간을 휘어지게 한다. 트램펄린에 코끼리를 올려놓았다고 생각하면 된다.

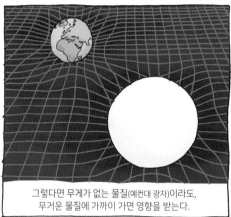

그렇다면 무게가 없는 물질(예컨대 광자)이라도, 무거운 물질에 가까이 가면 영향을 받는다.

따라서 중력은 시간의 흐름과 빛의 움직임을 바꾸어놓는다. 아인슈타인은 그렇게 생각했다.

여기서 제기된 질문들은 천문학자들이 시급하게 해결해줘야 해요.

다른 이론들과는 달리, 중력장이 빛의 전파에 미치는 영향은 현재의 장비로도 탐지할 수 있지 않나요?

그가 이 말을 한 건 1911년으로, 여기서 '현재의 장비'란 망원경이었다.

그리고 태양도 필요했다. 정확히 말하면 개기일식 상태인 태양이었다.

일식이 진행되는 동안 태양이 달에 가려지면 지구에서 볼 때 태양 뒤에 숨어 있던 멀리 떨어진 다른 별도 관측할 수 있었다.

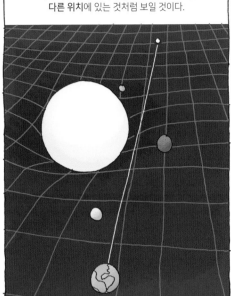

그러니 태양이 '방해하지 않으면' 멀리 있는 별은 **다른 위치**에 있는 것처럼 보일 것이다.

아인슈타인의 말이 옳다면 그 별빛은 우리에게 오기까지 태양의 주변 공간이 휘어져 있으므로, 휘어진 경로를 거쳐서 온다.

아인슈타인이 간절히 바라던 실험은 세계가(적어도 유럽이) 전쟁을 마칠 때까지 실행될 수 없었다. 1919년 5월 29일, 드디어 두 팀의 천문학자들이 측정에 나섰다.

앤드루 크로멜린 팀은 브라질로 떠났다.

그리고 아서 에딩턴 팀은 아프리카 기니만의 프린시페 섬으로 갔다.

이번 일식 원정에서 아인슈타인의 **기묘한 이론**이 확인되거나, 그보다 훨씬 더 중대한 별빛은 굴절되지 않는다는 결과가 도출될 거야.

크로멜린과 에딩턴 둘 다 결과를 얻었다.
크로멜린은 전보에
"멋진 일식이었음"이라고 적었다.

"가능하다면
구름 사이로 부탁해요."

두 분 다
저만 믿으세요.

굴절은 있었다. 그리고 이 실험을 통한 확증으로
앨버트 아인슈타인은 인류 앞에서 **아인슈타인!**이 됐다.

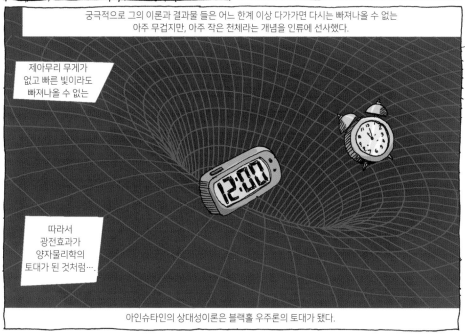

궁극적으로 그의 이론과 결과물 들은 어느 한계 이상 다가가면 다시는 빠져나올 수 없는
아주 무겁지만, 아주 작은 천체라는 개념을 인류에 선사했다.

제아무리 무게가
없고 빠른 빛이라도
빠져나올 수 없는

따라서
광전효과가
양자물리학의
토대가 된 것처럼….

아인슈타인의 상대성이론은 블랙홀 우주론의 토대가 됐다.

그러나 믿기 어렵겠지만
아인슈타인 아니,
아인슈타인!은
양자역학을
혐오했다.

에딩턴 역시 양자역학을 받아들이지 않았다.

별들이 그렇게
이상한 행동을
하지 못하도록 막아주는
자연의 법칙이
있을 거예요!

아인슈타인의 미적 감각이
그를 잘못된 길로 이끈 경우는
양자역학을 반대한 것 외에도 또 있었다.

또 다른 하나가 있지만
그건 나중에 생각을
바꾸었다.

'원숭이도
나무에서 떨어진다'
고 하잖아요.

관측이 사실을 밝혔다.

아인슈타인은 현실과 부합하는 이론에 만족했지만,
그가 시간과 공간에 대해 다시 생각하는 동안
천문학자들도 한가하게 놀고 있었던 건 아니다.

천문학자들은
우주의 시초에 관해
모두의 개념을 뒤흔들어놓을
놀라운 관측을 했다.

빅뱅 이론의 더욱 간략한 역사(1928~1931년)

이런 토론을 시작하려면 원래 "태초에…"라는 성경 문구에서부터 다른 창조 신화를 개관해야 할 것이다.

하지만 자연의 많은 것이 그러하듯, 대체로 인간이 지어낸 어떤 이야기보다 과학적 사실이 훨씬 흥미롭다.

그런 이유로 신화는 건너뛰고 계속 20세기 이야기를 하겠다.

빛의 이동과 공간의 곡률을 예측한 일반상대성이론의 성공에는 대가가 따랐다.

이 이론을 이용해 **아주 큰 그림**을 그려보면, 결과적으로 모든 것은 중력에 의해 붕괴될 수밖에 없다는 결론에 다다랐다.

$$R_{\mu\nu} - \frac{1}{2} g_{\mu\nu} R = \frac{8\pi G}{c^4} T_{\mu\nu}$$

당대의 다른 과학자들처럼, 아인슈타인도 우주가 **정적**이며 **영원**하다고 생각했다.

$$R_{\mu\nu} - \frac{1}{2} g_{\mu\nu} R \cdot$$

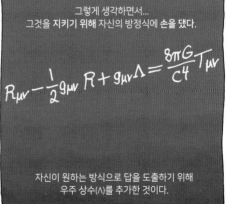

그렇게 생각하면서… 그것을 **지키기 위해** 자신의 방정식에 손을 댔다.

$$R_{\mu\nu} - \frac{1}{2} g_{\mu\nu} R + g_{\mu\nu}\Lambda = \frac{8\pi G}{c^4} T_{\mu\nu}$$

자신이 원하는 방식으로 답을 도출하기 위해 우주 상수(Λ)를 추가한 것이다.

아인슈타인처럼 정적인 우주를 선호하는
과학자는 그리 많지 않았다.
처음에는 그야말로 극소수였다.

그중 한 명이 러시아의 수학자 겸 물리학자인
알렉산드르 프리드먼이었다.

프리드먼

그는 아인슈타인에게서 힌트를 얻었다.

만약,
진공 상태에서
빛의 속력이
일정하다면?

만약, 두 개의 시계가
같은 속력으로
움직이지 않는다면?

만약,
시간과 공간이
별개가 아니라면?

프리드먼은 더욱
급진적인 가정을 내놓았다.

만약에 우주가
변화한다면?
진화한다면?

아니, 아니오!
그건 아니죠. 너무
멀리 가셨네요.

그래서 본인이 원하는
방식으로 답을 내리려고
상수를 넣어서 방정식을
미세 조정하셨나요?

프리드먼은
우주가 적적이고
영원하다는 걸 보장하는
우주 상수 없이
아인슈타인의
장 방정식을 풀어냈다.

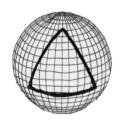
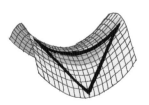
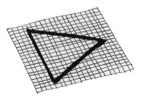

그 결과 어땠냐고? 다양한 공간 곡률이 나왔다.

물리학자이자 성직자였던 르메트르는
여기서 한 걸음 더 나아갔다.

그는 일반상대성이론과 양자론으로 미루어 볼 때
우주는 팽창하는 게 확실하다고 주장했다.

조르주 앙리 조제프 에두아르 르메트르

게다가 르메트르는 우주의 실질적인
기원을 제안했다. 진정한 '태초'는
그가 '원시 원자'라고 이름 붙인
물질에서 시작됐다는 거였다.

세상이 그렇게
시작되었다는 개념은
현재의 자연 질서와
거리가 멀지만,
모순되지 않습니다.

아인슈타인은 이 주장에도 격렬하게 반대했다.

당신의 계산은
옳지만 그런 물리는
말도 안 돼요.

물론 칠판 앞에서 싸우거나 논문을 주고받는 일만 계속된 건 아니었다.
우리에겐 실험주의자들이 있었다.

이때 천문학자들은 더 커진 망원경을 통해
실제 우주를 관측하고 있었다.

캘리포니아주, 로스앤젤레스

에드윈 허블은 매일 밤
윌슨산의 천문대에서
하늘을 바라보며 이러한 논란을
종식할 관측에 몰두했다.

우주

도대체 우주는
얼마나
큰 거야?

'우리 은하가 우주의 유일한
은하일까?' 이 논쟁도
해결해야 했다.

100배율 굴절망원경

속눈썹이
자꾸 망원경
접안부에
달라붙는데,
무슨 방법이 없나?

에드윈
허블

당시만 해도 다른 은하나 성운의
아름다운 이미지를 제공해주는
허블 우주망원경이 개발되기 전으로,
그는 캘리포니아 남부의 쌀쌀한 산 위에서
조심스럽게 관측을 진행해야만 했다.

그리고 그 관측 결과를
헨리에타 리비트의 계산 및
통찰과 결합하자…

하버드

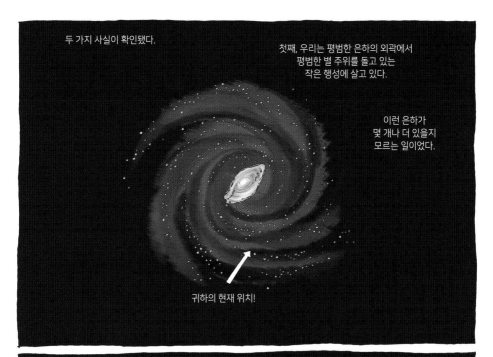

두 가지 사실이 확인됐다.

첫째, 우리는 평범한 은하의 외곽에서
평범한 별 주위를 돌고 있는
작은 행성에 살고 있다.

이런 은하가
몇 개나 더 있을지
모르는 일이었다.

귀하의 현재 위치!

둘째, 더글러스 애덤스*의 말대로였다.
"우주는 크다. 정말로 크다.
얼마나 광대하고 무지막지하게 큰지
믿기 힘들 정도다."

당시 허블이 우주의 크기를 말했을 때**,
대부분의 천문학자는
믿을 수가 없었다.

그래서 그들은
믿지 않았다.

*《은하수를 여행하는 히치하이커를 위한 안내서》를 쓴 영국의 유명 SF작가–옮긴이

** 허블은 처음에 은하 사이의 거리를 900,000광년으로 추정했다. 1광년이 9조 5천억 킬로미터니까,
    그것만 해도 이미 충분히 먼 거리였다.

다시 더글러스 애덤스를 인용하자면 "심지어 너무 빨라서 그것이 이동한다는 걸 알아채는 데만 수천 년이 걸린 빛조차도, 별 사이를 여행하는 데에 오랜 시간이 걸린다."

여기서 허블의 또 다른 위대한 발견이 등장한다.

몇 년간 더 별과 은하 들을 관찰한 결과, 그는 빛이 이동할 때 파장이 **증가한다는** 사실을 알아냈다.

물체가 **멀어질수록** 파장은 **더 많이** 변한다.

바로 도플러 효과였다. 가까이 있던 음원이 멀어져 가면 음이 낮아지는 건 누구나 경험해 본 적이 있을 것이다.

먼 은하에서 건너오는 빛에서도 같은 (붉은색 파장 쪽으로 치우치는) 현상이 일어났다.

그렇다면 우리에게서 멀어지고 있다는 건데… 허블이 관측한 모든 방향에서 은하들은 우리에게서 멀어지고 있었다.

그렇다면, 우주는? **팽창하고 있는 게** 맞았다.

아인슈타인이 우주 상수로 미세 조정을 시도한 건 그리 좋은 생각이 아니었던 셈이다.

그는 자신의 주장을 포기하는 걸 생각만큼 불쾌해하지 않았다.

그 용어를 소개한 이후로 늘 양심의 가책을 느꼈어요. 너무 보기 흉했거든요.

그렇다면 르메트르의 원시 원자는?

1931년 2월 아인슈타인과 허블이 만나는 자리에 르메트르가 동석했고, 아인슈타인은 훌륭한 과학자는 **마음이 넓어야 한다**는 걸 증명했다.

아인슈타인은 물론 둘 다에 해당했다.*

창조에 관한 당신의 주장은 내가 여태껏 들어본 중에 가장 아름답고 만족스러운 설명이에요.

* 비록 양자론은 끝내 받아들이지 못했지만 말이다!

이론과 관찰이 함께 이루어지면 과학은 큰 도약을 이룰 수 있다. 현대 우주론의 기반은 바로 이 '아인슈타인-허블-르메트르'의 만남에서 확립됐다.

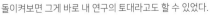

$R_{\mu\nu} - \frac{1}{2} g_{\mu\nu} R + g_{\mu\nu}\Lambda = \frac{8\pi G}{c^4} T_{\mu\nu}$

돌이켜보면 그게 바로 내 연구의 토대라고도 할 수 있었다.

그럼 다시 프레드 호일로 돌아와 보자. 그도 아인슈타인처럼 정적인 우주 개념을 포기해야 했다. 하지만 그는 정상우주론을 고수했다.

그럼 이제 팽창우주론에 관찰 시험을 적용할 수 있느냐 하는 문제가 발생합니다.

앞에서도 말했듯이, 그는 대중을 의식하기에 바빴다.

그런 이론들은 우주의 모든 물질이 먼 과거의 어느 특정한 시간에 창조됐다는 생각을 바탕으로 하죠.

지지직

지지직

배경에 지지직 소리 좀 없앨 수 없어?

'빅뱅'이라고나 할까요?

하지만 이런… '이론'은 관측 내용과 모순이 너무 심합니다.

소리를 없앨 수가 없어요. 죄송합니다.

BBC

그는 사람들이 자신처럼 조롱거리로 사용하리라 여기며 '빅뱅'이라는 용어를 만들었다.

하지만 그럴 일은 없었다. 그런데도 호일은 단념하지 않았고 시아마도 마찬가지였다.

나는 당연히 호일 편이야. 그는 "새로운 방식이 발견돼야만 한다"고 했는데, 그게 바로 정상우주론이야.

우주는 팽창하지만 새로운 물질이 지속적으로 생성되며 균형을 맞춰가는 거지.

시아마는 '마흐의 원리'에도 깊이 빠져있었다.

이제는 교육 과정에서 사라졌지만 엄청나게 흥미로운 원리야. 우주에 있는 다른 물질들의 질량이 물체의 관성에 영향을 미친다는 개념이지.

62

아인슈타인이 직접 명칭을 짓고 이 원리를 이용해 일반상대성이론을 구상했다.

나중에 아인슈타인이 그 이론을 버렸지만 난 그건 실수였다고 생각해.

물론 그분 앞에서 이렇게 하나하나 설명은 못 했지.

잠시만요. 그분을 직접… 만나보셨어요?

그분이 돌아가시기 얼마 전이었어. 얼마나 떨렸는지 몰라.

하지만 유머 감각이 있는 분이니까, 일단 농담으로 대화를 시작했지.

아인슈타인 교수님. 마흐의 원리에 대해 말씀드릴 게 있습니다.

과거의 교수님을 들어 현재의 교수님께 반대하려 합니다.

허허허, 그거 재미있군. 좋아!

그렇게 **내 생각을** 이야기했고 그분은 자신의 연구를 설명하며 양자론에 대한 의문점 등을 말씀하셨지.

그거 좋은 생각이군. 좋아!

아이고. 괜찮은가, 호킹?

나는 아인슈타인이 마흐의 원리를 버린 게 옳았다고 생각했다. 나와 시아마 교수는 여러 면에서 의견이 달랐지만 그와 토론을 하고 나면 머릿속에 새로운 그림이 펼쳐졌다.

그렇게 떠오른 그림에는 새롭고 신기한 아이디어가 여럿 들어가 있었다.

이를테면, 붕괴된 별 같이 아인슈타인이 싫어할 만한 개념들 말이다. 하지만 우주 입장에선 **누가** 뭘 좋아하든 알 바 아니었다.

다시 한번 말하지만 '아인슈타인-허블-르메트르'의 합의는 내 연구의 토대였다.

방금 무슨 일이 있었지?

괜찮아요. 발이 어디에 좀 걸렸어요.

하지만 이때는 미처 그 사실을 깨닫지 못했다.

케임브리지에서의 첫 학기는 따분하기 그지없었다.

물리학 공부도 시시하게만 느껴졌다.

제 인 (1962년 12월)

하지만 가을학기가 끝나고 세인트올번스의 집으로 돌아가자, 두 가지 사건이 발생하면서 마침내 그런 태도에 큰 전환이 일어났다.

첫 번째 사건은 처음엔 그저 사소하게 느껴졌다.

케임브리지 대학원에 가려면 1등급이 필요했어.

하지만 점수가 약간 모자라서 구술시험을 요청했지.

케임브리지를 나 같은 인간들로 오염시키고 싶어서 좀이 쑤실 테니까.

그래서 1등급을 주면 그쪽으로 가주겠지만, 그렇지 않으면…

옥스퍼드에서 **앞으로도 오래오래** 나와 함께 지낼 각오를 하라고 했어.

"그리고 이렇게 말했지."

제게 1등급을 주신다는 데 내기를 걸어도 좋습니다.

"그러고는 채 문을 나서기도 전에 결과가 나와 버렸어."

호킹 군, 잠깐만.

그렇게 해서 케임브리지로 가게 된 거야!

무슨 그런 터무니없는…

헛소리가 다 있어?

옥스퍼드대학교 역사상 뭔가를 그렇게 빠른 시간에 결정하는 학감들은 없었어. 그리고 넌 그 정도로 강심장은 **아니잖아.**

아니야. 정말이라니까!

그리고 만약의 경우도 대비했지. 공무원 시험을 신청했거든. 시험일을 깜빡하고 못 가긴 했지만…

뭐, 그 **부분**은 진짜 같네. 이젠 제때 일어나서 수업은 들어가지?

시아마라는 지도 교수랑은 잘 맞아?

몇 가지 우주론적인 견해가 나랑 많이 다르기는 해.

그래도 좋은 사람 같긴 하더라.

음.

그런데 '우주론'이 뭐야?

제인이라고 했지?

지금 대학에서 어문학을 공부한다고?

그럴 계획이야. 이번 가을학기부터.

어디 보자. 우주론, 즉 코스몰로지 Cosmology의 그리스어 어원은 세상에 관한 학문이라는 뜻이니까.

지리학이랑 비슷한 거야?

아니, 그렇게 범위가 좁지는 않아. 실제로 우주에 관한 학문이지.

아. 라틴어와 프랑스어 계통에서는 '코스모스(우주, Cosmos)'가 '질서'라서 그렇구나.

그래, 그렇다고 하자. 아인슈타인과 호일 등을 보면 비슷하지. 수학 공식이 많으니까.

그런 말을 들으니 이제 마음잡고 공부해야겠는걸.

네가 공부를 한다고? 그거 신기한 구경거리겠는데!

아니면 내가 우리 집 주소를 알려줄게.

말이 나온 김에, 주소를 알려주지 않을래? 난 스티븐이라고 해.

제인과 함께 춤을 춘 며칠 후,
나는 스물한 번째 생일 파티에 제인을 초대했다.

제인이 수락했다!

제인이구나?
어서 들어와.
기다리고 있었어.

우리 아버지인
프랭크 호킹
박사야.

만나 뵙게 돼서
반갑습니다.

아빠,
이쪽은 제인
와일드예요.

엄마, 이 친구는 제인이에요.
이번에 막 세인트올번스를
졸업했죠.

만나 뵙게 돼서
반갑습니다.

반가워요.
세인트올번스를
나왔다고요?

세상에.
예전부터 궁금했던
가족이었는데,
이렇게 보게 되다니…

네, 맞아요.
세인트올번스 고등학교요.
이번 가을부터는
런던대학교의 웨스트필드
컬리지에 다니게 됐어요.

파티는 성황을 이루었다.

전부 대학원생이나 박사, 아니면 **직업** 있는 사람들이잖아.

사람이 이렇게 북적이는데, 난 왠지 쓸쓸해지네. 그만 가봐야겠어.

하지만 모든 게 완벽하진 않았다.

사람들은 내가 술을 너무 과하게 마신 줄 알았지만...

유감스럽게도 나는 그렇지 않다는 걸 알았다.

내 옆을 지켜줘서 고마워, 에드워드.

난 그만 가봐야 할 것 같아.

괜찮으니까 그냥 놔둬. 나도 늘 그러는걸.

그나저나 에드워드가 너를 많이 좋아하나 봐.

오늘 와줘서 고마워. 레코드 상품권도 잘 쓸게. 마침 바그너의 〈지그프리트〉 음반이 새로 나와서 너무 갖고 싶던 참이거든.

에드워드가 날 좋아한다고? 뭐, 그렇다고 치자.

다발성 경화증은 아님(1963년)

그로부터 얼마 지나지 않아, 베룰라미엄 연못에서
내 삶의 태도를 송두리째 뒤집어놓은 두 번째 사건이 발생했다.

스티븐,
어디 다친 데는
없니?

…

괜찮아요.

스티븐이랑 나는 어디 카페라도 가서 몸을 녹여야겠다. 메리, 네가 동생들을 돌봐주렴.

엄마, 난 언니 없이도 혼자 놀 수 있어요.

물론, 넌 그렇지만. 에드워드는 아직 어리니까 언니랑 같이 잘 돌봐줘.

나는 작년부터 일어난 여러 가지 일들을 어머니께 말씀드렸다.
말이 어눌해지고, 자주 넘어지고, 계단을 오르는 게 힘들어졌다고.

몇 번 넘어진 게 뭐 대수라고.

스티븐, 이런 말 하기 뭐하지만… 넌 **원래부터** 행동이 어설펐잖아.

아니에요, 이건 달라요.

오늘도 그렇고 최근 몇 개월 사이에 벌써 몇 번째인지 몰라요. 게다가 이제 신발 끈이나 넥타이도 잘 못 매겠고…

알았다. 그럼 병원에 가보자꾸나.

그건 싫어요….

네가 싫다고 하면 끌고서라도 갈 거야.

다른 수가 없었다.

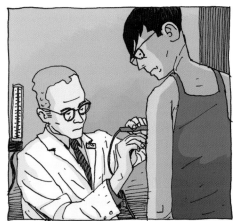
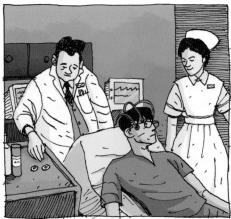
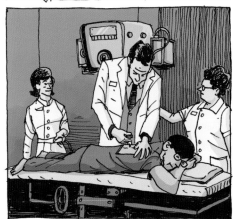

온갖 검사를 마치고도 의사들은 병명을 가르쳐주지 않았다.
다만, 다발성 경화증만은 아니라고 했다.

나도 자세히
캐묻지는 않았다.

심각한 병인 게
틀림없었다.

나는 몇 주 더 집에 머물렀고 소문은 금세 퍼졌다.
제인도 바실의 여동생에게 내 소식을 들었다.

때론 미친
사람처럼
보이지.

그냥 좀
별난 것뿐이야.
난 별난 사람이
좋더라.

맞다!
그 얘기
들었어?

무슨 얘기? 뭔데?
난 아무것도
못 들었어.

스티븐이 2주간 입원해 있었대.
아마 바츠 병원에 갔던 것 같아.
아버지가 계신 병원이고 메리도
거기에 수련의로 있으니까.

넌 눈치 못 챘겠지만 요새
자주 넘어지고 신발 끈을 매는
것조차 힘들어했거든.

병원에서 이것저것 끔찍한 검사를 해보더니
몸이 마비되는 무시무시한 불치병에 걸렸다고 진단했대.

다발성 경화증이랑
증상은 비슷하지만
다른 병이래.
그래서 이제 겨우
몇 년밖에
못 산다고….

너
괜찮니?

응. 아니,
모르겠어….

그냥 좀 충격적인 소식이라.
우린 내일 데이트하기로 했거든.

소호의 이탈리아
식당에서. 그리고
올드 빅 극장에서
오페라 〈볼포네〉를
보고 또…

어쩌면
좋지.

약속을
취소해야 할까?

말했듯이
그 집은 가족
전체가 괴짜지만
바실 오빠는
그 식구들을
좋아해.

넌 올드 빅 극장을
좋아하잖아.
그리고 넌 스티븐도
좋아하지?

그럼
가야지.

나는 주머니 사정을 잊고
멋진 데이트를 했다.

집으로 가는
버스를 타기도
전에 나는
돈이 떨어졌다.

당연하지,
내가… 안돼!

어, 정말
창피하긴 한데…
혹시 내 버스비도
내줄 수 있어?

어떡해!
돈이 든 지갑을
잃어버렸어!

76

알았어.

지금 어디에 있는지, 어디로 가고 있는지 아니까.

걱정할 거 하나도 없어. 올드 빅의 무대에도 올라와보고 얼마나 좋아!

그렇게 둘이 길을 더듬어서 출구를 찾아 나왔어.

...

어둠 속에서 별다른 일은 없었고?

다이애나! 말도 안 돼! 스티븐은 신사라고.

내가 하려던 말은, 이젠 춤을 못 추게 될지도 모르지만...

춤도 못 추면서 열정적으로 흔들어대는 애지.

오빠는 사돈 남말하지 말아줄래? 제인, 계속해.

그렇다고 해도, 스티븐은 남을 잘 이끌어줄 사람이야. 회색 눈동자가 예쁘고 미소도 아름답지.

근위축성측색경화증. 근위축성측색경화증. 근위축성측색경화증....

...

학교에 돌아가면 다른 건 제쳐두고 〈지그프리트〉부터 들어야지.

동쪽 방면

그 후에 우연히 제인과 마주쳤다. 나는 케임브리지로 돌아가는 길이었고 제인은 어디로 가는지 알 수 없었다.

그… 버스비만 생각하면 아직도 얼굴이 화끈거려.

바로 갚았잖아. 신경 쓰지 마.

그래서…

몸은 좀 어떤지 물어봐도 돼?

그래. 고마워.

응.

내 말은, 그러니까 내가…

아무렇지도 않아.

나랑 트리니티 홀의 '메이 볼'*에 같이 가지 않을래?

난. 좋아.

응, 갈래.

그래. 잘됐다. 그럼 6월에 보자.

세인트올번스

근위축성측색경화증. 근위축성측색경화증. 근위축성측색경화증.

그래. 그럼 그때 보자!

* 6월에 열리는 케임브리지의 전통 무도회

79

미래의 일에
도무지 집중할
수가 없었다.

그래봤자 무슨
소용이란 말인가?

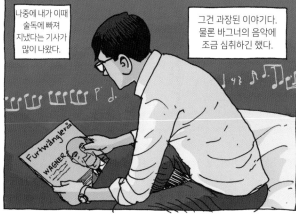

나중에 내가 이때
술독에 빠져
지냈다는 기사가
많이 나왔다.

그건 과장된 이야기다.
물론 바그너의 음악에
조금 심취하긴 했다.

Furtwängler의
WAGNER

"당시엔 꿈자리도 상당히 뒤숭숭했어요."(1963년)

공부를 하고 싶다는 의욕조차 들지 않았다.

2년이라니. 박사 과정을 수료하기에도 모자란 시간 같았다. 당시엔 꿈자리도 상당히 뒤숭숭했다.

그러니 "죗값으로 전기의자에서의 사형을 선고한다."

저 스위치만 누르면 고아들과 애완동물이 기차에 치여 죽는 걸 막을 수 있어.

웅성웅성

앗.

잠이 들 때마다
괴로운 악몽이 반복됐다.

나 자신을 비운의 인물로
생각하게 됐고

소식을 듣는 다른 이들도
나를 그렇게 보는 것 같았다.

그렇군.
난 또 자네한테
언어장애 비슷한
게 있는 줄
알았지.

내가 뭐
도와줄 건 없나?

아니오.
근위축성
측색경화증은
희귀병이라…

당시엔 이 병에 대해 알려진 바가 거의 없었다.

길어 봐야 2년이라는 게 의학계의 공통된 소견이었다.
점점 내 의지로 근육을 조절할 수 없게 될 터였다.

하지만 눈을 깜빡이고 미소 짓는 건 가능했다.
미소에 사용되는 건 대부분 불수의근이니까….

하지만 딱히 웃을 일도 많지 않았다. 나는 남은 시간만이라도 재미있게 보내기로 마음먹었다.

학기가 끝나고 제인을 데리러 집으로 갔다.

난 택시를 타고 가는 줄 알았는데.

이렇게 가는 편이 좀 더 근사할 것 같지 않아?

차 문이 조금 뻑뻑한 것 같네. 내가 열어볼까?

애들이 왔어요!

어머, 너희 둘 정말 잘 어울리는구나?

스티븐 형, 새 지팡이를 샀네. 나도 지팡이 짚어 봐도 돼?

아버지도 집에 계실 줄 알았는데요.

지금 서재에서 뭔가를 연구 중이셔.

아.
그러시겠죠.

그럼.
내일 돌아올게요.
그때 봬요.

이 병에 대해서 알아낸
정보를 스티븐한테
가르쳐줄 거야?

일단 체계가 갖춰지면 알려줘야지.
윌슨 박사가 보낸 편지가 꽤 도움이 돼.
톰슨 박사는 설하선 치료법이 효과가
있을지도 모른다고 하네.
그리고 이 자료를 보면…

음, 칼믹 주식회사에서
신약을 개발했대. 그리고
뉴캐슬 종합 병원에 있는
윌튼이라고 기억나? 그
친구가 몇 가지 조언을 해줬어.
웨일스대학교에도 조만간
문의를 해볼 생각이야.

그래, 차도가
있기만 하다면
뭐든 해봐야지.

확실한 건 아무것도
없지만 몇 가지 시도해볼
요법은 있어.

그래도 통증은
없을 거라는 게
공통된 의견이야.
결국에는 근육을
비롯해 모든 방면의
통제력을
잃겠지만…

게다가
대다수 환자가
우울증이나
공황 발작을
겪는데. 혹시
우리 애도…

여보. 스티븐은
여자 친구랑 파티를
즐기러 갔어.
우리 애는
그럴 리 없어!

저기…
우리…
좀…

천천히…

덜컹

…가는 게
어때?

그래도
되지만 지금
시간이 없어.
파티에
늦기 싫어.

호킹이 왔다.

스티븐, 이리 와서 자얀트한테 '휠러-파인만' 전기역학에 대한 네 황당한 아이디어를 들려줘.

싫어, 아래층으로 갈래. 재즈 밴드가 연주를 얼마나 잘하는지 보고 싶어.

아니, 아니야. 네가 내놓은 가설보다는 훨씬 덜 황당하거든.

조지 엘리스

솔직히 말해서 네 주장은 말이 안 돼.

둘이 툭하면 저러고 있네요.

물리학 얘기를 하는 것만 빼면 축구장 훌리건들이나 마찬가지죠.

저기 좀 봐. 남자들의 소매와 목깃만 밝게 빛나 보이지?

수학으로는 절대 입증 못 할걸.

그리 대단한 일도 아니야.

세탁 세제의 형광 물질이 빛에 반응해서 그래.

여자들의 드레스는 네 것처럼 거의 새것이라 아직 세탁 세제가 묻지 않은 거지.

우리도 댄스 플로어에 나가서 확인해볼래?

그랬구나. 난 또... 물론이지. 고마워, 시드니.

어딜 가려고, 스티븐. 그런 기초적인 수학 수업일랑 학부생들한테나 가서 해.

그래, 조지. 그래야겠다. 하지만 너도 내 수업을 들을 필요가 있어. 아무튼, 우린 이만 실례.

학부에서 수업을 하게 됐거든. 내가 학부생일 때 빼먹은 과목을 공부하는 데는 그게 제일 좋은 방법이라서.

학생들이 내 의욕을 심각하게 **꺾어놓긴** 하지만.

아무튼, 너희는 내 얘기를 계속 듣고 싶으면 이 곡이 끝날 때까지 샴페인이나 더 가져와.

미끌

그럼 네 가설도 조금 덜 우습게 느껴질지도 모르니까.

이런, 괜찮은 거야? 이리 와봐, 나랑 한 판 더 해야지.

휘청

너 좀 피곤한 것 같다. 그만 쉬는 게 좋겠어. 조지는 내가 상대할게. 금방 돌아올 테니까 넌 가봐.

제발 날 만족시켜줘(1963년)

금방 심술을
부리는가 싶으면
어느새 다시
사려 깊게 굴고.

과학도들은 대체
어디로 튈지 종잡을
수가 없어.

그건
과학도라서가 아니야.
너도 알다시피 원래
그렇게 생겨 먹었어.

남자들
이란.

그래, 뭐.
멋진 저녁
시간을 보내긴
했어.

그런데 집에
돌아올 때
기차를 못 타게
하는 거야.
자기가 차로
데려다준다면서.

오,
맙소사.

그렇게 돌아와서는
너무 피곤해서 그냥
"고마웠어, 잘가" 하곤
집으로 도망쳐
들어갔어.

그런데 우리 엄마가
집으로 초대하라고
난리잖아. 물론 그게
예의이긴 했지만… 다신
그런 일은 없을 거야.

정말,
다시는?

글쎄, 어쨌든
다시 그 차를
타진 않을 거야.

그즈음 나는 존 던의 〈애가〉에 푹 빠져 있었다.

"그대여, 그곳에 가면 당신의 얼굴에서부터 허송세월한 이 추격에 대해 생각해주시오."

??

게다가 점점 바그너보다 라디오 룩셈부르크의 '오늘의 팝송'을 자주 듣게 되자 친구들은 경악했다.

♪♫ ... 당신을 설득하는 건 너무 어려워 오오 예이예에 ... ♪♫

하지만 난 아직 해보고 싶은 게 많다는 걸 깨달았다.

자얀트.

너의 팽창 우주에서의 '휠러-파인만' 연구에 대해 좀 더 가르쳐주지 않을래?

얼마든지!

하지만 호일 교수님이랑 나는 정상 우주에서의 시간 대칭적 중력이론이라는 더 중요한 이론을 완성했어.

뭔지 가르쳐줄게.

그는 설명을 시작했다.

$$\sum_n \frac{E_{ab}^{+}(x,t) - E}{2}$$

무척 흥미로운 이야기였다.

"제가 계산해봤어요."(1964~1965년)

얼마 후, 호일이 왕립학회에서 연구 결과를 발표하는 자리에 친구들과 다 같이 참석했다. 발표회장에는 흥분감이 감돌았다.

...빅뱅 이론의 품격과 고상함이란 생일 파티에서 폴짝거리는 소녀 정도밖에 안 됩니다.

하 하 하 하

다시 말해, 그런 게 전무하다는 거죠.

BBC 애청자분들이라면 아시겠지만 저는 예전의 우리를 서로 다른 경로에서 산 정상에 오르려 하는 등산가로 비유했습니다.

그리고 다른 가망 없는 이론들이 점차 쇠퇴해가는 걸 지켜봤죠.

몇 년 전에 저는 물질이 끊임없이 새롭게 생성된다는 가설을 제안했습니다.

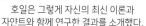

정상 우주

호일은 그렇게 자신의 최신 이론과 자얀트와 함께 연구한 결과를 소개했다.

그 연구 결과를 사전에 검토한 사람은 자얀트 외에는...

나밖에 없었다.

질의응답을 해보죠. 질문 있으신 분 계십니까?

그가 내놓은 결론에 장내가 웅성거렸다.

네,
거기 계신 분.

저…
정상 우주에서
물질의 영향을
고려하면…

지금 말씀하신
질량이 정상에서
벗어나
버리는데요.

저건 질문이
아니잖아.

정상에서
벗어난다니
말도 안 돼요.

저 녀석은
누구지?

아뇨,
맞아요.

질량이
무한대가 돼요.
그건 다시
말해서…

황당하군요.
왜 그렇게
생각하죠?

그렇게 답이
도출됐거든요.

저거
누구야?

제가
계산해봤어요.

어떤 사람들은 내가 즉석에서
암산을 했다고 착각했다.

하지만 그건 당연히 아니었다. 그동안 자얀트가 계산하는 걸
관심 있게 지켜보며 혼자서 풀어봤다.

어쨌든 그 일로 나는 조금 이름이 알려지게 됐다.

그랬으면
좀 더 일찍
말해주지 그랬어.

그러게.
그랬어야 하는데.
정말 미안해.

나중에 호일이 내게 연구원 자리를 제안하면서
결국 모두 원만하게 마무리됐다.

그리고 나는 런던 안팎에서 제인과
더 자주 만나게 됐다.

치과 치료가
있어서 온 거지만,
오페라나 같이
보지 않을래?

방학 중에도,
세인트올번스에 돌아가서도.

그건 잠깐 끄고
나랑 얘기 좀
하지 않을래?

왜?
뭐, 알았어.

각자 해외로 몇 차례씩 여행을 다녀온 후에도.

깜짝이야. 어떻게 된 거야?

독일에서 기차 여행 중에 넘어지면서 이가 부러졌어.

맙소사! 멀리 런던까지 힘들게 치과 치료를 다녀놓고.

아, 그랬지. 그래도 여행은 재미있었어. 스페인은 어땠어? 이탈리아는?

음… 그동안 잘 지냈어?

마침내 난 어떤 일들은 해볼 만한 가치가 있다고 생각하게 됐다.

이건 정말 놀라운 연구 결과야. 펜로즈가 런던의 세미나에서 발표한 거지.

어쩌면 자네도…

전 참석 안 했어요. 다른 일이 있어서요.

하지만 전해 듣긴 했어요.

병세는 둔화됐고 별의 붕괴와 펜로즈의 특이점이라는 개념에 흥미가 발동했다.

그렇다면
어쩌면…

그게 뭐야,
스티븐?

어떤 별이 붕괴하다가
특정한 지점을 넘어서게
되면 그래도 계속 수축할지
궁금해졌어.

그게 바로 펜로즈가
설명하는 특이점이잖아.
중력장이 무한대가
되는 공간 말이야.

하지만 별이
붕괴하는 과정을
거꾸로 돌려보면

그건 바로
아무것도 없던
상태에서 영원히
팽창하는

우주가 돼.

나는 펜로즈의 특이점 정리를 시간과
우주의 시초에 적용해보기로 했다.

…그렇게 해서
도출된 결론에 따르면
별이 붕괴하는 과정을
거꾸로 돌렸을 때 무엇과
아주 비슷해지는지 알아?
바로 **빅뱅**이야.

이걸 박사
논문으로 써야 할
것 같아.

그래, 무지막지하게
신나는 소식이네.

그런데 넌 눈치
못 챘을지 모르지만
지금 비가 오고 있거든.
얘기를 계속하는 건
좋지만 과학 원리 같은
건 그만해줄래?

알았어.
하지만
그전에…

97

우린 1965년에 부부가 됐다.
결혼식은 일반적인 식과 트리니티 홀의 예배당에서
열린 전통적인 예식으로 두 번 진행했다.

두 분
조금 더
가까이
서보세요.

그즈음 나는 박사 논문을 완성해가고 있었다.

스티븐, 난 이게
뭐라는 건지
하나도 모르겠어.

계산식을 다시 설명해줄 순 있는데,
지금 그렇게까지…

그게 아니라
자기 글씨를
못 알아보겠다고.

마지막 장에는 우주의 시초에 관한
나의 첫 번째 정리가 들어갔다.

이러지 말고
일단 얘기를
좀 해보자.

지금은 안 돼.
어디, 내가 볼게.

흐음.
아아.

그래.
그렇지.

그러므로 나는…
다음과 같이
결론을 내리는…

나는 펜로즈가 붕괴하는 별에 사용한 계산식을 내 논문에 적용했다.

암흑기(1784~1958년)

* 물론 밀도는 같다는 조건하에서!

그 후로 100년이 넘도록,
이토록 획기적이고 놀라우며
급진적인 두 사람의 견해는

아무런 영향력도 끼치지 못한 채,
완벽하게 잊혔다.

이런 개념을 현실에서
시험해볼 이론(특히 아인슈타인의)과
관측 기술이 뒷받침되지 않았던 것이다.

더구나, 우주라니.

$$R_{\mu\nu} - \frac{1}{2} g_{\mu\nu} R$$

하지만 일반상대성이론이 등장하자
상황은 급변하기 시작했다.

1916년에 카를 슈바르츠실트가 아인슈타인의 장 방정식에 대한
완벽한 해법을 도출해냈다. 오늘날 우리가 '슈바르츠실트의 반지름'
이라고 부르는 계산식이다.

$$r_s = \frac{2Gm}{c^2}$$

r_s는 질량이 m인 천체에서
표면으로부터의 탈출 속도가
광속이 될 때의 반지름이다.

지구의 r_s는
0.8센티미터로
계산되어, '푸른 구슬'
이라는 표현에 새로운
의미가 더해졌다.

하지만 지구가 구슬 크기로 압축되면
더는 푸른색으로 보이지 않을 것이다!
우리가 볼 수도 없겠지만.

미첼과 라플라스 그리고 이제
슈바르츠실트도 증명했듯이,
**어떠한 색상의 빛도 그곳을
빠져나가지 못할 테니까.**

슈바르츠실트의 해법은 모든 것을 너무 단순화했다. 완벽한 구체가 존재한다고 전제한 것이다!

그가 상상한 무거운 천체는 비뚤어진 부분이 없을 뿐 아니라, 전하도 없고 회전하지도 않았다.

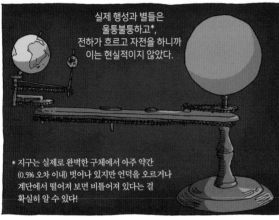

실제 행성과 별들은 울퉁불퉁하고*, 전하가 흐르고 자전을 하니까 이는 현실적이지 않았다.

* 지구는 실제로 완벽한 구체에서 아주 약간 (0.5% 오차 이내) 벗어나 있지만 언덕을 오르거나 계단에서 떨어져 보면 비틀어져 있다는 걸 확실히 알 수 있다!

라이스너와 노르드스트룀은 1918년에 전하 측정 방법을 발견했다.

회전 문제가 해결된 건 훨씬 더 훗날의 일이었다.

아인슈타인 방정식을 푸는 건 고등학교의 대수나 대학의 미적분 시험과는 비교도 안 되게 어려운 일이니까.

리치 곡률 텐서를 적용하면…? 어쩌면 스칼라 곡률이… 아니면 응력 에너지를 이렇게…

군나르 노르드스트룀   한스 라이스너

거기서 끝이 아니다!

다른 사람들이 실험을 통해 당신의 연구를 검증하게 하고, 그 해법이 현실에 부합하는 결과로 나와야 한다. 아니면 현실에 부합할 수밖에 없는 방법을 제시하든지.

에딩턴과 크로멜린이 아인슈타인의 이론을 검증하며 몸소 보여줬듯이, 실험을 진행한다는 건 쉽지 않은 일이다.

예술이든 과학이든 쉬운 길은 없다.

이론과 실험 사이의 간극 때문에 반발이 제기될 여지도 많다.

$$r_s = \frac{2Gm}{c^2}$$

$$r_\pm = \tfrac{1}{2}\left(r_s \pm \sqrt{r_s^2 - 4r_Q^2}\right)$$

다섯 살 된 우리 애는 못 풀었을 문제야.

에딩턴과 아인슈타인은 슈바르츠실트나 라이스너, 노르드스트룀이 주장한 천체가 현실에선 존재할 수 없다고 생각했다.

하지만 아직 예술로 볼 순 없죠.

수학적으로는 문제가 없었지만 이들은 미학적인 근거로 이의를 제기한 것이었다.

하지만 우주가 자세히 들여다볼수록 더욱더 기이한 곳이라는 신호는 도처에 널려 있었다(아인슈타인의 휘어진 공간이나 느려진 시계만으로도 이미 기이했지만).

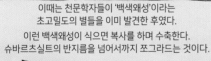

이때는 천문학자들이 '백색왜성'이라는 초고밀도의 별들을 이미 발견한 후였다.

이런 백색왜성이 식으면 복사를 하며 수축한다. 슈바르츠실트의 반지름을 넘어서까지 쪼그라드는 것이다.

논리적이긴 하지만 아인슈타인처럼 에딩턴도 '중력으로 붕괴된 천체'라는 개념을 감당하지 못하고 거부했다.

무엇이 붕괴를 멈출 수 있을까?

답은 양자역학의 법칙이었다. 수브라마니안 찬드라세카르라는 젊은 물리학자가 이를 증명해냈다.

이런 미친 짓거리는 대체 언제쯤 끝날까?

하지만 그는 백색왜성의 비밀을 밝히며 질량이 더 큰 별들은 다른 운명을 맞는다고 주장했다.

그런 별들은 특이점에 이를 때까지 수축한다는 것이었다.

당연히 기존 학자들은 이 의견을 탐탁지 않아 했다.

전 별이 그렇게 터무니없이 변하는 걸 막는 자연 법칙이 존재해야 한다고 생각해요!

에딩턴은 또한 찬드라세카르가 특수상대성이론과 양자역학을 결합해서 결과를 얻었다며 그를 비판했다.

정당한 혼인 관계에서 탄생한 게 아닌, 그런 사생아 같은 결과는 인정할 수 없어요.

1939년에는 아인슈타인도 끼어들었다.

내 연구의 핵심 결과는 '슈바르츠실트의 특이점'이 물리적인 현실에서 왜 존재하지 않는지 명확하게 보여주고 있어요.

한편 천문학자들은 관측을 통해 백색왜성만큼이나 기이한 물질들을 찾아내고 있었다.

예컨대, 우주 전파 같은 것들은 어디에나 존재하며 장거리 통화 도중에 전파 방해를 일으켰다.

벨 연구소의 칼 잰스키 덕분에 천문학자들은 1940년에 들어서 이런 잡음의 가장 강력한 송신원이 은하계 중심부에 있다는 걸 알아냈다.

하지만 일부는 다른 곳에서 비롯되었고 어느 아마추어 천문가(그로트 레버)가 어머니 집 뒷마당에 설치한 전파망원경으로 이러한 전파를 최초로 수신했다.*

찬드라세카르는 이즈음엔 시카고대학교의 천문대에서 일하고 있었는데, 레버에 대해 들어본 적은 없어도 열린 마음으로 다가갔다. 그는 현직 천문학자들과 함께 레버를 방문했다.

* 시카고 외곽 지역에는 이런 걸 막는 지역 조례가 없었던 것 같다.

이런 걸 전부 혼자 해냈다고요?

네, 그럼요. 달리 방법이 있나요?

그의 망원경과 관측 자료는 상당한 수준이었다. 찬드라세카르는 1940년 당시 자신이 편집장으로 있던 〈천체물리학회지〉에 그의 논문을 실었다.

레버는 우리 은하를 비롯해 다른 두 은하의 중심에서 발생하는 강력한 전파의 분포도를 완성했다.

우주 잡음에 대해 알려진 게 너무 없어서 도표에서 읽어낼 수 있는 게 한정돼 있어.

이 은하들의 현재 이름은 카시오페이아 A(Cas A)와 백조자리 A(Cyg A)다.

"하지만 이러한 잡음은 우주 물질의 양과 어떤 식으로든 연관돼 있다고 볼 수 있다."*

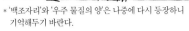

* '백조자리'와 '우주 물질의 양'은 나중에 다시 등장하니 기억해두기 바란다.

그리고 연구는 한동안 정체됐다. 과학자와 기술자 들이 레이더를 비롯해 2차 세계대전을 끝낼 방법을… 쉽게 말해, 원자 폭탄 등을 발명하느라 바빠진 것이다.

로버트 오펜하이머는 그런 일의 주축이 됐지만 전쟁 전에 우주론에서 중요한 작업을 완성했다.

로버트 서버, 조지 볼코프와 함께 백색왜성의 사촌 격이지만 더 빨리 회전하고 자성이 강하며 질량도 큰 중성자별을 연구한 것이다.

오펜하이머

스나이더

서버

볼코프

그리고 하틀랜드 스나이더와는 내파하는 별이 '중력으로 붕괴된 천체'를 형성할 수 있다는 걸 계산해냈다.

그런 별은 슈바르츠실트의 반지름까지 쪼그라들고… 거기서 더 쪼그라들었다.

붕괴하는 표면에 있는 관찰자는 외부로 신호를 보낼 수 없을 겁니다.

오펜하이머와 스나이더의 계산에는 역설이 암시돼 있었다.

외부의 관측자가 볼 때 내파하는 별은 슈바르츠실트의 반지름에서 멈춘다. 하지만 (불행하게도!) 표면에 있던 관찰자는 어떻게 될까?

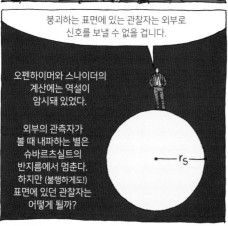

r_S

별은 계속 쪼그라들고, 쪼그라든다.

멀리 있는 관찰자가 볼 때 그런 일이 발생하는 데는 무한대의 시간이 걸린다. 별에 있는 사람에게는 이 시간이 유한하고도 상당히 짧을 것이다.

r_S

태양과 같은 별의 경우 멀리 있는 관찰자와 모든 통신이 끊기는 데 약 하루가 걸리며, 그 후에는 중력장만이 남는다.

중력장만 남는다는 개념은 아무래도 너무, 이상했다. 그래서 에딩턴이나 아인슈타인 그리고 이전의 많은 연구자처럼 오펜하이머도 있는 그대로 그 개념에 이름을 붙여주지 못했다.

특이점이라고 말이다.

하지만 결국 어떤 결과가 나올지는 명백했다.
이론가들은 무거운 별들이 특이점에 도달한다는
개념 주위를 빙빙 돌고, 때로는 화들짝 놀라서
물러서고 있었다.

그러는 동안 케임브리지대학교의 마틴 라일 같은
천문학자들은 망원경을 만들어 우주 전파의 근원을 특정했다.

이들은 전파의 형성 원리, 즉 우주선 전자들이
성간 자기장을 중심으로 소용돌이치며 만들어진다는
것까지 이미 파악했다.

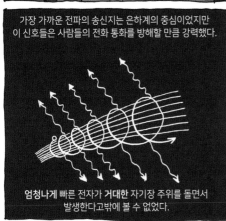

가장 가까운 전파의 송신지는 은하계의 중심이었지만
이 신호들은 사람들의 전화 통화를 방해할 만큼 강력했다.

엄청나게 빠른 전자가 **거대한** 자기장 주위를 돌면서
발생한다고밖에 볼 수 없었다.

그런 모든 에너지의 원천으로 보기에 타당한 물질은
하나뿐이었다. 그리고 이 당시에 놀라울 만큼 밝은
퀘이사*도 발견됐다. 이건 화학 물질도 아니고…

핵도 아니고…

그렇다고 물질 · 반물질의 소멸도 아니었다.

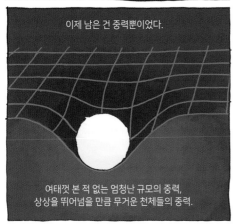

이제 남은 건 중력뿐이었다.

여태껏 본 적 없는 엄청난 규모의 중력,
상상을 뛰어넘을 만큼 무거운 천체들의 중력.

"상상을 뛰어넘는 무거운 천체들"

"여태껏 본 적 없는"

이제 답이 보일 것이다.
천문학자와 우주론자 들도 마찬가지였다.

* 강한 전파를 내는 성운(星雲). 준성전파원이라고도 한다─옮긴이

바로 이 시점에 존 휠러가 뛰어들었다. 그는 별의 내파에 대해 회의적이었다.

그런 질량 덩어리들이 끊임없이 수축해서 결국 우주로부터 단절된다는 게 가장 단순한 가정 아니겠습니까?

'중력 차단'을 만족스러운 해답으로 보기에는 아쉬운 점이 많아요.

하지만 데이비드 핀켈스타인이 내파하는 별에 있는 관찰자와 멀리 떨어져 있는 관찰자 모두를 수용하는 수학적 틀을 만들며 오펜하이머의 역설을 풀어내자 이야기가 **달라졌다.**

결국 휠러도 다른 이들처럼 생각을 바꿔 열성적인 지지자가 됐다.
직접 수학적으로 증명을 하고 나니 그게 옳다는 걸 깨닫고 옹호하게 된 것이다.

혹시 그 소식 들었어요?

그는 붕괴한 별의 문제를 진지하게 파고들기 시작했고 학생들이 그에게 모여들었다.*

제이콥 베켄슈타인 **디터 브릴** **휴 에버렛** **킵 손** **찰스 미스너**

* 그의 또 다른 유명한 제자였던 리처드 파인만은 이미 좀더 유명한 또 오래된 데다 다른 연구를 하느라 바빴다.

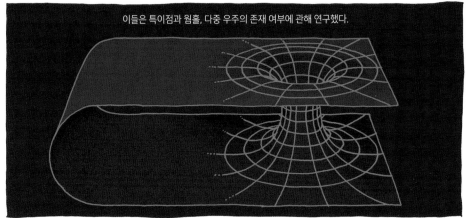

이들은 특이점과 웜홀, 다중 우주의 존재 여부에 관해 연구했다.

황금기 (1963~1975년)

1963년 로이 커가 회전하는 별에 대한 아인슈타인의 장 방정식을 풀었다. 그리고 2년 후 테드 뉴먼이 커의 계량을 일반화했다.

로이 커

테드 뉴먼

이제 과학자들은 전하가 있고 회전하며 붕괴한 별의 모델을 만들 수 있게 됐다.

황금기가 펼쳐지면서 이런 괴상한 것들을 연구하는 사람들이 점점 늘어나기 시작했다.

러시아에서는 이고르 노비코프와 야코프 젤도비치가 붕괴한 별을 탐색할 방법을 제안했다.

이고르 노비코프

얼어붙은 별 중에서도 눈에 보이는 동반성*에서 가스를 끌어당기는 별을 찾아보자.

그럼 가스 입자** 들이 얼어붙은 별의 반대편에서 충돌하며 엑스선을 방출할 거야.

그리고 두 사람은 안드레이 도로쉬케비치와 함께 완벽한 구형이 아닌 별이 내파하면 어떻게 변화할지 질문을 해나갔다.

안드레이 도로쉬케비치

눈에 보이는 별이 보이지 않는 무언가의 궤도를 돌고 있는 게 분명한데, 거기에서 엑스선까지 발견되면… **바뜨!***

그럼 일단 성능 좋은 엑스선 망원경을 개발하는 게 급선무겠군.

울퉁불퉁한 특이점을 발견하게 될까?

* 쌍성인 두 별 중에 가볍고 어두운 별-옮긴이
** gas particles. 지구에서는 태양에서 분출되는 이러한 가스를 '태양풍'이라고 부른다.

*** BOT, 바로 그거야!

한편 이 모든 움직임의 배경에는 2차 세계대전 당시 일어난 핵폭발(들)의 기분 나쁜 반향이 짙게 깔려 있었다.

핵무기 반대

나는 '핵무기 폐지' 시위에 적극적으로 참석했다.

'더 나은' 원자 무기를 개발하며 쌓아온 연산력과 코드가 별들의 내파를 시뮬레이션하는 데 도움이 됐다는 건 긍정적인 면이었다.

이러한 시뮬레이션 결과, 붕괴하는 별에 관한 오펜하이머와 스나이더의 이론이 옳았다는 게 검증됐다.

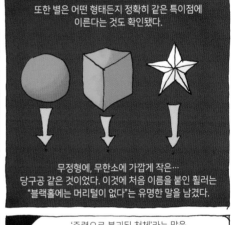

또한 별은 어떤 형태든지 정확히 같은 특이점에 이른다는 것도 확인됐다.

무정형에, 무한소에 가깝게 작은… 당구공 같은 것이었다. 이것에 처음 이름을 붙인 휠러는 "블랙홀에는 머리털이 없다"는 유명한 말을 남겼다.

블랙홀?

'중력으로 붕괴된 천체'라는 말을 열 번쯤 쓰고 나서, 더 나은 이름을 붙여줘야겠다고 마음먹었죠.

휠러는 1967년에 이 용어를 학계에 제안했다.

딱 맞는 이름이었다.

영국에서는 조지 엘리스와 내가 시아마 교수의 다른 제자인 마틴 리스와 함께 황금기의 초기에 이런 문제들을 연구하고 있었다.

옥스퍼드의 로저 펜로즈가 우리에게 큰 영향을 미쳤다.

준성전파원이 발견되면서 중력 붕괴에 대한 관심이 재점화됐습니다.

이런 천체들이 방출하는 엄청난 양의 에너지는 태양 질량의 약 $10^6 \sim 10^8$ 배인 물체가 슈바르츠실트 반지름에 가깝게 붕괴된 결과로 볼 수 있으며…

이때 아마도 중력파의 형태로 격렬한 에너지 방출이 동반되죠.

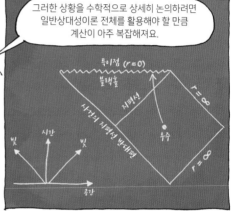

그러한 상황을 수학적으로 상세히 논의하려면 일반상대성이론 전체를 활용해야 할 만큼 계산이 아주 복잡해져요.

펜로즈의 이러한 초기 결과는 마침 내가 박사 학위를 마쳐가고 있을 때 발표됐다.

그래서 논문은 다 끝낸 거야?

…
아니, 아직이야.
한번 들어봐.

"이와 관련된 세부 사항과 관련 결과들은 다른 곳에서 찾아보게 될 것이다."

설마 박사 논문의 결론을 정말 그런 식으로 쓸 생각은 아니지?

하하. 아니야. 구미는 당기지만 안 되겠지.

로저 펜로즈가 자기 논문을 이런 식으로 끝맺었어! '다음 편에 계속됩니다'라니 정말 과감한 결론이지.

재미있는 공상 과학 드라마의 마지막 자막 같잖아.

하지만 진짜 과학은 실제로 저 밖에서 펼쳐지고 있다는 뜻에서 더욱 흥미로운 표현이었다.

블랙홀이 실재한다고 입증하는 건 정말로 험난한 길이었다.

이제 결혼도 했으니 구직이라는 또 다른 험로도 헤쳐나가야 했다.

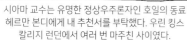

브랜든 카터   마틴 리스

나는 학부생들을 가르치는 것만으로는 부족해서 곤빌 앤드 카이우스 칼리지의 연구직에 지원했다.

시아마 교수는 유명한 정상우주론자인 호일의 동료 헤르만 본디에게 내 추천서를 부탁했다. 우린 킹스 칼리지 런던에서 여러 번 마주친 사이였다.

헤르만 본디

나와 마틴, 조지, 브랜든은 펜로즈의 연구에 더 관심을 가지고 있었다.

그래서 본디 교수는 내게 깊은 인상을 못 받았던 것 같다.

그렇다는 게 금세 밝혀졌다.

그게…
본디 교수가 자네
이름을 모른다고
말했다는군.

아.
네.

그럼…
안 좋은 거죠?

내가 연락해볼게.
추천서를 다시
써달라고 해보지.

시아마의 연락을 받은 본디 교수는 미안한 마음에
내게 과분한 추천서를 써준 듯했고

나는 연구원으로
선발됐다. 급여가
적은 만큼 할 일도
많지 않았다.

호일 교수에게는 차마
추천서를 부탁하지 못했다.
당시에 나는 '호일-나릴카'
이론에 관한 논문을
쓰고 있었는데,

내 논문은 그들
이론의 유명한
문제점을 지적하는
내용이었다.

아니, 그럼 이건 어때? "아인슈타인의
상대성이론이 지닌 약점 중 하나는
장 방정식을 내놓으면서 그것의 경계 조건은
제공하지 않는다는 것이다."

"따라서 우주의 유일무이한 모델이 아닌
일련의 모델을 허용했다."

'호일-나릴카의 중력 이론에 관해'
Proc. R. Soc. Lond. A vol. 286, no. 1406: 313-319.(1965년)

나는 이 논문에서 내가 호일의 강연에서 지적한 문제에 해결책을 제시했다.

"호일-나릴카 이론이 유효하려면 양의 질량과 음의 질량의 신호를 모두 허용하는 방법밖에 없다."

하지만 아무도 이걸 **매력적인** 해법으로 받아들이지 않았다.

"음의 질량을 도입하면 아마도 그것으로 해결되는 것보다 더 많은 어려움을 불러올 것이다." …

'아마도'라고? 너무 절제된 표현 아니야?

내가 보기에도 그래.

현재도 마찬가지지만, 당시에는 음의 질량이 존재한다는 증거조차 없었다.

정상우주론이 직면한 난관은 이렇듯 엄청나게 **컸다.**

정말이지 흥미진진한 시기였다.

…그냥 늘 똑같아. 난 매주 월요일이면 런던으로 가.

주중엔 내내 수업을 듣거든.

그리고 금요일 저녁이면 지하철역으로 뛰어가서 케임브리지로 가는 기차에 몸을 실어.

마침 오늘 니콜라스 페브스너*가 팔라디오풍 저택에 관한 강의를 한대.

저녁에 나랑 같이 가지 않을래?

난 그런 데 별로 관심 없어.

그리고 지금은 이것 때문에 좀 바빠. 미안해.

하지만 조금 있으면 당신이 타이핑해 줄 내용이 나올 것 같아.

알았어.

난 한 시간 정도 나갔다 올게. 예배까지 드리면 더 늦어질지도 모르고.

알았어. 그래서 언제 돌아온다고?

*독일 출신의 영국 미술 및 건축사가-옮긴이

은유법(1965년)

제인은 매주 케임브리지와 런던을 오가며
1년 만에 중세문학 학사 학위를 수여했다.

당시 내가 제인에게 적절한 관심을
표현했는지는 잘 모르겠다.

정말 뛰어난
학생이에요.

하지만 나도
가끔은 런던까지
직접 걸음을 했다.

전 솔직히 제인이
박사 과정까지
이어갔으면 좋겠어요.

아, 그것
참 난해한
문제로군요.

중세문학이란
해변에 있는
조약돌을
연구하는
것만큼이나
유용한
학문이니까요.

…

그럴지도 모르지만 뉴턴도
자기 자신에 대해 이렇게 말했잖아요.
"세상 사람들의 눈에는 내가 어떻게
비쳐지는지 모르겠지만…."

내가 생각하는
나 자신은
바닷가에서 노는
어린아이에
불과합니다.
그러다가 이따금
평범한 것들보다
좀 더 둥그스름한
조약돌이나 예쁜
조개껍데기를
발견할 뿐이죠.

"…그러는 중에도 내 앞에는 아직 밝혀지지 않은 진리의 바다가 아득히 펼쳐져 있습니다."

네, 저도 들어봤어요.

그런 걸 비유법이라고 하죠?

은유죠. 하지만 뭐, 맞는 얘기예요.

네, 제 말이 그 말이에요.

제인, 내가 한 잔 더 가져다주지.

그래서 그저 은유에 불과하다고?

…

뭐, 그렇지. 미안. 세리주는 벌써 다 떨어진 건가?

이런 일상은 제인이
졸업할 때까지 계속됐다.

물론 가끔은 둘이서 여행을 가기도 했다.

서퍽으로 일주일간
신혼여행도 다녀오고

얼마 후 코넬대학교의 여름학교에
가서 일반상대성이론 수업을 들었다.

기숙사는 신혼부부에게 이상적인 숙소는 아니었지만,
우주론의 선구자들을 많이 만날 수 있었다.

그 다음에는 마이애미 비치에서 열린
물리학 학회에 갔다.

물리학자들은 어디서든 그곳에 어울리지 않아 보이는 족속이지만, 마이애미 비치에서는 특히 더 그랬다.

미안하네. 한 번만 더 말해주겠나?

방금 스티븐이 한 말은….

다시 보게 돼서 반가워요. 그것도 이렇게 빨리요! 비행은 어땠어요?

거기서 텍사스 오스틴으로 넘어가서는 조지 엘리스 부부에게 신세를 졌다.

물론 그곳에서도 연구 활동을 아주 놓진 않았다.

그리고 다시 집으로 돌아왔다.

이사도 몇 번 다녔다.

제인이 졸업할 무렵에는 세 들어 살던 집에서 겨우 몇 집 떨어진 곳에 우리만의 보금자리를 마련했다.

굉장히 아늑하고 응용수학 및 이론물리학과*에
속해 있는 내 연구실에서도 가까웠다.

* 약칭은 DAMTP

할 일이 있고
약속이 이어지는
평범한 나날이었다.

킵, 린다.
어서
들어와요!

$$P = \frac{dE}{dt} = -\frac{32}{5} \frac{G^4}{c^5} \frac{(m_1 m_2)^2 (m_1 + m_2)}{r^5}$$

카스티야어로
지은 시예요.
당시는
과도기였거든요.

난 너무 피곤해서 그만
자러 가봐야겠어.

조금 더 있다
가지그래.

121

내가 좀….

아니,
괜찮아.

스티븐은 괜찮아요.
차를 좀 더 드실래요?
저도 마시고 싶으니
끓여올게요.

킵, 린다. 패서디나 얘기나 좀 더 해주세요.
아름다운 도시 같아요.

우리 부부도
언제 한번 가보고
싶네요.

로스앤젤레스 근교에 있는
오래된 도시 중 하나예요.

물론 케임브리지에 비할 건 아니겠지만요.
캘리포니아공대는 꽤 괜찮은 학교예요.

물리학
분야에서는요.

모든 게 순탄하게 돌아갔다. 물론 나는 환자였지만
내게는 할 일이 있었다.

나는 「특이점과 시공간의 기하학」이라는
논문으로 애덤스 상을 받았다.

하지만 그 연도의 수상자는 나 혼자가 아니었다.
펜로즈의 논문인 「시공간의 구조 분석」과 공동 수상이었다.

로저 펜로즈의 최신 논문(1965)과 「특이점과 시공간의 기하학(1966)」의 저자인…

훗날 우리가 공동 연구를 하게 된 건 어쩌면 불가피한 일이었다.

1965년도 논문에서 펜로즈는 다음과 같은 내용을 제시했다.

"어떠한 임계 조건이 충족되면 구면 대칭으로부터의 편차가 시공의 특이점들이 발생하는 것을 막을 수 없다."

우린 함께 질문을 제기해보았다.

$$D\theta + \tfrac{1}{3}\theta^2 = \tfrac{1}{3}(U_{a;b}U^{a;b}\delta\rho\delta\delta) - Q_{yy} \leq 0$$

하나의 계는 궁극적으로는 어떤 운명을 맞게 될까요?

중력 붕괴가 일어난다면 말이지?

시공간의 특이점이 뒤따를까?

아니면 비대칭성 때문에 붕괴하는 물질의 여러 부분이 서로를 놓치고 어떤 형태로 튕겨나가게 될까요?

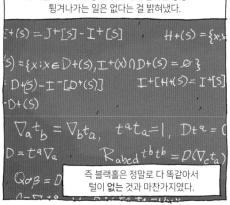

우리는 다섯 가지 정리와 18쪽에 달하는 증명으로 튕겨나가는 일은 없다는 걸 밝혀냈다.

즉 블랙홀은 정말로 다 똑같아서 털이 없는 것과 마찬가지였다.

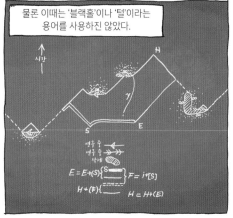

물론 이때는 '블랙홀'이나 '털'이라는 용어를 사용하지 않았다.

124

'중력붕괴의 특이점과 우주론'
Proc. R. Soc. Lond. A vol. 314, no. 1519: 529-548.(로저 펜로즈와 공저, 1970년)

대신 우리는 이렇게 발표했다.

중력의 불안정성은 우리 우주의 일부 구역에 **엄청나게 큰 곡률**을 가져올 가능성이 있습니다.

이런 곡률이 아주 크다면 현재의 국소 물리학 개념을 **대폭** 수정해야 할 겁니다.

저희가 제시한 정리들은 우주의 시초에 '빅뱅' 유형의 특이점이 존재했다는 것을 암시합니다.

실제 우주에는 적용되지 않을 수도 있는 어떤 특정한 조건들이 만족된다면 말이죠.

당연하게도 그런 조건들은 사실상 관측으로는 검증할 수가 없습니다.

이 논문을 영국왕립학회에 대신 제출해준 건 본디 교수였다.
여러 상황을 고려할 때 이는 매우 공정한 행위였다.

성공적인 논문 덕분에 나는 많은 결실을 맺었다.

물리학을 '대폭 수정'하게 될 거라고?

그걸 어떻게 해나갈 생각인가?

누군가.

누군가가 중력의 양자적 측면을 살펴봐야겠죠.

'누군가'가 해야 한다고?

...

네, 뭐. 제가 해봐야겠죠.

반드시 연구하도록 하게.

한번 빠져들면 헤어 나오지 못할 거야. 이 태평한 친구야.

정말 흥미진진한 시기였다.

이 문제를 연구하는 동안 아들 로버트가 태어났다.

얼마 후 우리는 시애틀의 바텔 연구소로 여름 학기를 들으러 갔고

캘리포니아주의 버클리로 갔다가

내가 5시까지는 마무리 짓고 나올 테니까….

누가 믿을 줄 알고. 괜찮으니까 신경 쓰지 마. 할 일 다 끝나고 보도록 해.

메릴랜드대학교에 가서 휠러의 제자 중 한 명인 찰스 미스너를 만났다.

제인, 왜 그래요?

저는.

전 괜찮아요. 시차 때문인 것 같아요. 왜 이러는지 모르겠네요.

전 괜찮아요.

난 괜찮아. 혼자 할 수 있어.

그럴 만도 하죠. 좀 앉아요.

이 아이가 로버트죠? 정말 귀엽네요!

제가 커피를 좀 끓여드릴게요. 아니면 차가 낫겠어요?

네, 감사합니다.

논문은 가방에 들어 있어요. 제인, 잠깐만 이리 와서 도와줄 수 있어?

만나볼 사람이 너무 많았다.

아주 생산적인
시간이었다.

반면, 내 병은 끊임없이 악화됐다.
예상보다 느리긴 해도 가차 없었다.

치료(비타민과 스테로이드 처방)는
이제 아버지가 도맡아 해주셨다.

약효가 있기는 했지만 1960년대 말에
들어서자 양손이 완전히 말려버렸다.

내 이름만 간신히
쓸 수 있었다.

스티븐, 우리
진지하게 이야기
좀….

혼자서도 할 수
있어. 외부인의 도움은
필요 없어. 간병인을
들이긴 싫어.

그러다가 결국 집 밖에서는
지팡이에 의지해서도
거동이 불가능해졌다.

내 연구실은 DAMTP 학과에 있었고, 나는 호일이 새로 설립한 천문학 연구소에도 참여하고 있었다.

그래도 망원경은 전혀 들여다보지 않았다.

이론이 훨씬 흥미로웠다. 특히 펜로즈의 이론들이 그랬다.

블랙홀은 반드시 내부에 특이점을 지닌다는 그의 개념은 아주 놀라운 의미를 담고 있었다.

그는 이를 증명하기 위해 일반상대성이론의 수학뿐만 아니라…

로저? 당신의 정리들에 대해 할 얘기가 있어서요.

좋아, 모서리가 표면이라고 상상해보자고. 그것들이 서로 연결돼 있고. 물론 일반적인 경우는 아니지만.

기하학적 방법과 위상수학까지 결합해서 이 분야에 혁명을 일으켰다.

네, 네. 보여요.

그리고 이런 방법은 블랙홀을 연구하면서 방정식을 적어나가는 게 점점 더 불가능해질 사람에게 매우 유용했다.

물론 블랙홀이 실재한다면 말이다. 그 시점에서는 모든 게 그저 짐작뿐이었다.

이럴 가능성이 얼마나 될 것 같으세요? 블랙홀이 거기에 존재한다고 가정하면요.

우리 은하 안 어딘가에 있어.

기이한 공상과학 같은 이야기였다. 결국은….

킵과 존은 정말 그런 게 가능하다고 생각할까? 내가 보기엔…

가망이 없어보였다.

펜로즈는 어떤 복사도 그런 지평선을 뚫을 수 없다는 걸 보여주었다.

게다가 우리 우주는 빈 공간도 온전히 비어 있지 않아서 복사량이 아주 많을 텐데….

떨어져 나간 우주는 어딘가로 빠져나가기 전에 그러한 복사로 파괴된다는 것이다.

그렇다고 공상과학 작가들이 이런 아이디어로 소설을 쓰는 것까지 막을 순 없었다.

CONTACT
by
Carl Sagan

몇 년 후 칼 세이건은 이를 이용해 자신의 소설 《콘택트》의 초안을 완성했다. 하지만 그는 이 분야의 최신 동향까지는 알지 못했다.

다른 소설가들보다 엄격한 성격이었던 세이건은 킵 손에게 자신의 초안을 보냈다.

킵은 오류를 고쳐주고 앨리 애로웨이 캐릭터가 웜홀을 통해 이동하는 방법을 제안했다.

…적어도 이론상으로는 가능한 이야기야. 아마도.

응, 그래. 입 크게 벌려야지.

또한 펜로즈는 회전하는 특이점이 주변의 시공까지 함께 끌어당길 거라는 점을 보여주었다.

우주 검열(1969년)

그걸로도 모자랐는지 펜로즈는 '우주 검열 가설'까지 제안했어.

응, 그래.

"절대적인 '사건의 지평선'에서 노출된 특이점이 나타나려 할 때마다 그것을 일일이 막아서는 '우주적 검열관' 이 존재할까?"

그러고는 내 논문을 인용했어.

어떤 의미에선 '우주 검열'이 존재하지 않는다는 걸 보여줄 수도 있어. 왜냐하면 이건 '빅뱅' 특이점은 원칙적으로 관찰 가능하다는 호킹의 정리를 따르기 때문이지.

물론 빅뱅이 일어날 때 그걸 관측할 수 있었던 사람은 **아무도** 없지만 말이야.

아무도.

그래, 몇 번을 말하는 거야. 나랑 진지하게 종교적인 토론이라도 해보자는 거야? 언제든 기꺼이 상대해줄 테니까….

우린 서로의 생각을 빤히 아는데 토론할 게 뭐가 있어?

빅뱅은 제쳐두더라도, 노출된 특이점이 존재한다면 연구를 포기할
수밖에 없었다. 거기선 우리가 아는 모든 물리 법칙이 무너질 테니까.

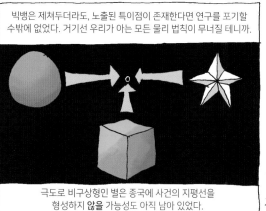

극도로 비구상형인 별은 종국에 사건의 지평선을
형성하지 **않을** 가능성도 아직 남아 있었다.

하지만
난 그렇지 않을
거라고 확신해.

얼마 후

응,
그래.

난 그만
쉬어야겠어.
당신은
안 올라와?

그때 나는 블랙홀은 어떻게 커지며
그것이 지평선에는 어떤 의미를
지니는지에 골몰해 있었다.

두 개의 블랙홀이 충돌하면 얼마나
많은 중력파를 뿜어낼 건지도 말이다.

이 개념은 많은 이가 공유하고 있었다.
펜로즈를 비롯해 많은 사람이 생각했던 문제였다.

하지만 새로운 접근, 새로운
개념이 필요한 때였다.

때가
됐어.

미안. 내가
늦게까지 생각할
게 있다고
안 했던가?

133

아니. 스티브. 그때가 됐다고!

펑!

아, 아!

펜로즈는 친구와 길을 건너다가 특이점에 관한 획기적인 착상을 처음 떠올렸다고 한다.

그러다가 대화를 다시 이어가는 통에 잊어버리고는…
나중에 가서 평범하게 산책했던 기억에 왜 이렇게
기분이 고양되는지 의아해졌다.

병원 입구

그날 밤, 늦은 시각에야 별의 붕괴가 내부에
특이점이 있는 블랙홀로 이어진다는 걸
자신이 알아챘다는 사실을 기억해냈다.

병원 입구

펜로즈만의 '다음 편에
계속됩니다'였다.

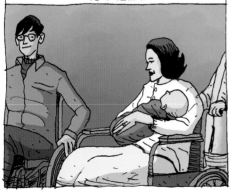

나는 좀 더 운이 좋은 타이밍에 그런 획기적인
착상이 떠올랐다.

딸 루시가 태어난 직후였다.

머리말 이야기(1970년)

그리고
두 블랙홀이
충돌한다면?
과연 어떤
모습으로…

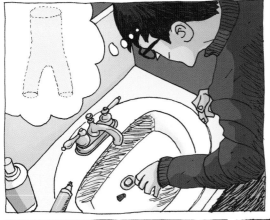

$$Area_1 \propto Circumference_1 \propto Mass_1^2$$
$$Area_2 \propto Circumference_2 \propto Mass_2^2$$
하지만
$$Area_{1+2} > Area_1 + Area_2 \Longrightarrow Mass_{(1+2)}^2 > Mass_1^2 + Mass_2^2 *$$

면적은 더 커야 해.
하지만 그렇게 되면…

* Area: 면적, Circumference: 둘레, Mass: 질량

136

딸깍

그럼 중력파 에너지는 얼마나 될까…?

이건 마치 제2법칙 같잖아….

열역학의

그건 또 무슨 소리야?

$S = k \log W.$*

미안, 지금 혹시 나한테 뭐라고 했어?

한숨

아니, 아무 말도.

그렇다면 사건의 지평선에는 어떤 영향을 주지?

. . . . .

알게 뭐람?
현재의 정의는
기준틀에 따라 상대적이야.
마구 요동친다고.

가시적인 게 아니라 절대적인 지평선.
시공의 경계.

내가 뭘 놓치고
있는 거지?

어디 불편한
데는 없어?

딱 좋아.
살짝 서늘하지만.
좋아.

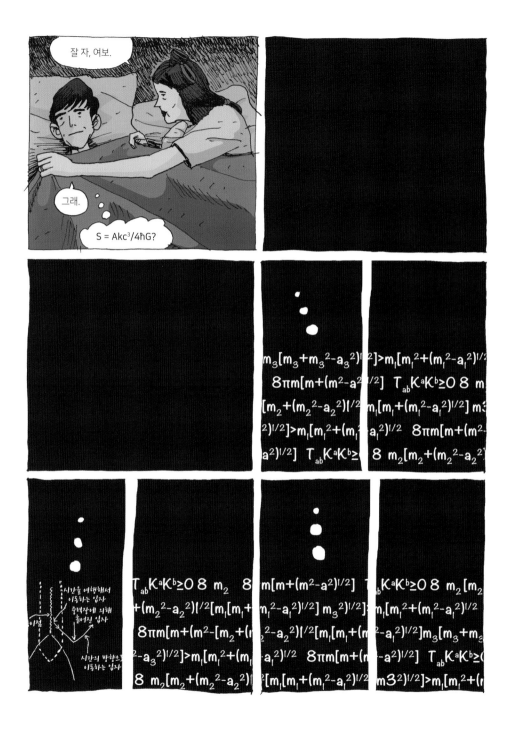

나는 최대한 오랫동안 뜬눈으로 지새워서
두 시간 정도 잠을 자고 난 후에도…

내가 왜 고양돼 있는지
정확하게 기억했다.

두 개의 블랙홀이
충돌해서 생겨나는
지평선의 면적은
각각의 원래 지평선을
합한 것보다 **커야만**
한다고 깨달은 것이다.

나는 내가 이걸 증명할
수 있다는 걸 알았다.

여기에 담긴 의미가 아주
심오하다는 것도 알았다.

우선, 우리 우주론자들은 사건의 지평선에 대해
완전히 잘못 생각하고 있었다.

그날 밤까지 우리는 사건의 지평선을 관찰자가
볼 때 빛이 더 이상 블랙홀 밖으로 빠져나가지
못하는 공간으로만 바라보았다.

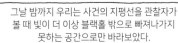

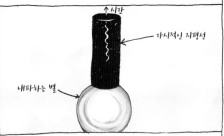

하지만 그건 **가시적인** 지평선일 뿐이었다. 지평선이 거기에
존재해도 모두에게 똑같이 보이진 않을 수도 있었다.

그보다 근본적이면서 누구에게나, 언제나
똑같은 **절대적인** 사건의 지평선이 존재했다.

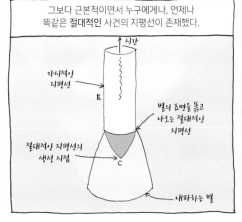

그 절대적인 지평선은 붕괴하는 별이 더 이상
돌이킬 수 없는 지점에 다다를 때 발생하며
그때부터 향후의 신호들은 바깥으로 빠져나갈 수 없다.

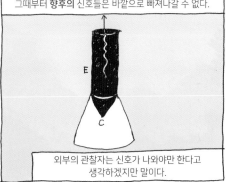

외부의 관찰자는 신호가 나와야만 한다고
생각하겠지만 말이다.

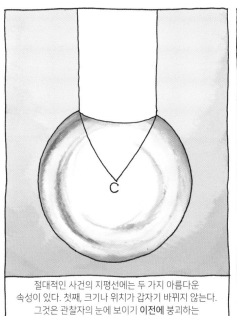

절대적인 사건의 지평선에는 두 가지 아름다운
속성이 있다. 첫째, 크기나 위치가 갑자기 바뀌지 않는다.
그것은 관찰자의 눈에 보이기 **이전에** 붕괴하는
별의 내부에 이미 존재한다.

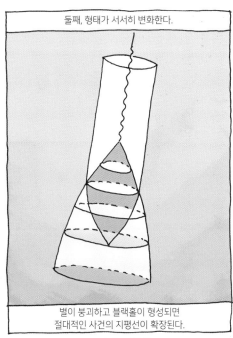

둘째, 형태가 서서히 변화한다.

별이 붕괴하고 블랙홀이 형성되면
절대적인 사건의 지평선이 확장된다.

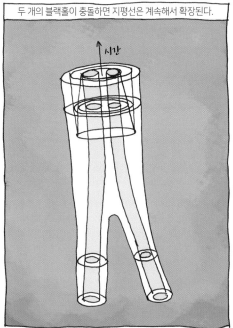

두 개의 블랙홀이 충돌하면 지평선은 계속해서 확장된다.

시간

그리고 지평선은 물질이
유입되기 **이전에** 확장된다.

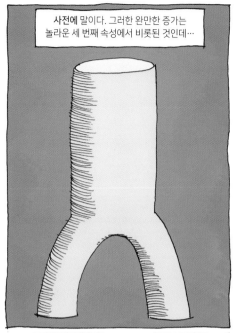

사전에 말이다. 그러한 완만한 증가는
놀라운 세 번째 속성에서 비롯된 것인데…

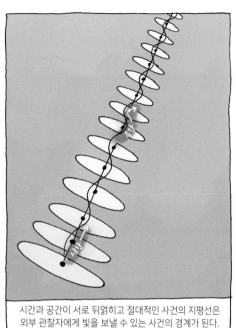

시간과 공간이 서로 뒤얽히고 절대적인 사건의 지평선은
외부 관찰자에게 빛을 보낼 수 있는 사건의 경계가 된다.

하지만 광자들은 빠져나갈 수 있다. 이는 지평선을
확장시키는 물질이 삼켜지기 전에 절대적인 사건의
지평선이 **먼저** 확장하기 시작한다는 것을 의미한다.

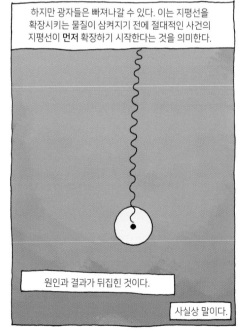

원인과 결과가 뒤집힌 것이다.

사실상 말이다.

언뜻 상상이
잘 안 될 수도 있다.

이건 확실히 **직관적으로** 이해하기 쉬운 개념은 아니며 대부분의 과학자는 탐구할 가치도 없다고 여겼다.

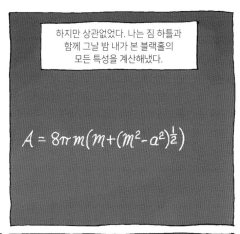

하지만 상관없었다. 나는 짐 하틀과 함께 그날 밤 내가 본 블랙홀의 모든 특성을 계산해냈다.

$$A = 8\pi m\left(m + (m^2 - a^2)^{\frac{1}{2}}\right)$$

그것을 수학 공식으로 다시 적어낸 것뿐이었다. 이론적인 개념은 이미 완성돼 있었다.

$$\mu_{ab\ldots d} = \lambda \mu^{(1)}{}_{ab\ldots d} + O(\lambda^2)$$

$$T_{ab} = \lambda^2 T^{(2)}{}_{ab} + O(\lambda^3)$$

그리고 그건 정말 아름다웠다.

그 결과, 나는 더 유명해졌다.

짐 하틀

펜로즈가 우주론에 도입한 위상학적, 기하학적 방식은 어떤 종류의 문제에 완벽하게 들어맞았다.

시각적으로 접근할 수 있는 이런 문제들은 내게 안성맞춤이었다.

운동 신경 질환에 걸린 내게 연필과 종이가 최적화된 수단이 아니라는 걸 나는 마침내 깨달았다.

짐, 이 부분에서 내가 조지 엘리스와 쓰고 있는 책을 인용하죠.

수학이 중요하지 않다는 말은 아니다.

그쪽에 항이 하나 빠졌네요.

나도 한때는 찬드라세카르조차 내 특이점의 증거 중 하나를 이해하지 못하겠다고 할 정도로 **거기**에 몰두해 있었으니까.

아, 그러네요. 미안해요.

그는 "각 단계를 검증하려 할 때마다, 하강하는 계단을 기어 올라가는 느낌"이라며 내게 강의를 요청했었다.

훌륭해요. 이제 종이에 정리할 거죠?

그보다 몇 년 전만 해도 "원고의 전문성이 우리의 기준에 훨씬 못 미친다"며 논문을 다시 쓰라는 이야기를 듣던 것에 비하면 매우 발전적인 변화였다.

안녕하세요, 짐.

어서 와요, 말콤.

하지만 어쨌든 이젠 나보다 수학을 더 잘하는 사람이 많았다.

말콤 페리

아, 페리. 어서 와요. 경로 적분이군요?

시공의 거대 구조(1973년)

조지 엘리스와 공동 집필한 나의 첫 저서에는 물론 수학 공식이 엄청나게 많이 들어갔다.

읽기 힘들 정도였다.

단, 펜로즈 다이어그램이 들어간 부분들은 예외였다.

이런 그림들은 블랙홀을 이해하는 데 필수적인 도구였다.

적어도 내게는 그랬다.

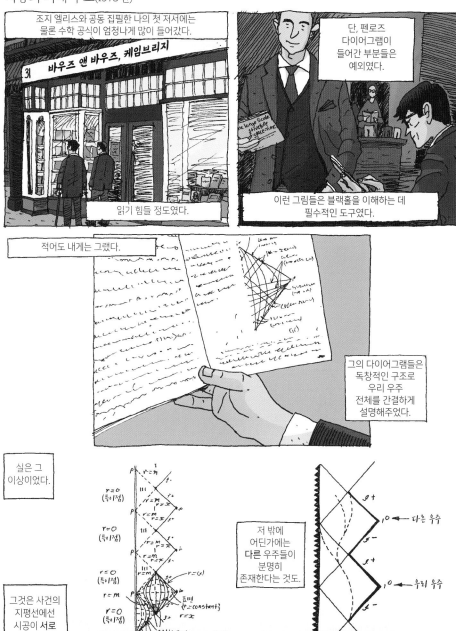

그의 다이어그램들은 독창적인 구조로 우리 우주 전체를 간결하게 설명해주었다.

실은 그 이상이었다.

그것은 사건의 지평선에선 시공이 서로 교차된다는 걸 보여주었다.

저 밖에 어딘가에는 다른 우주들이 분명히 존재한다는 것도.

145

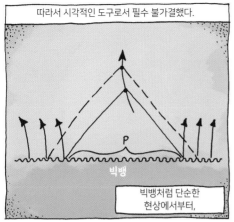

따라서 시각적인 도구로서 필수 불가결했다.

빅뱅

P

빅뱅처럼 단순한 현상에서부터,

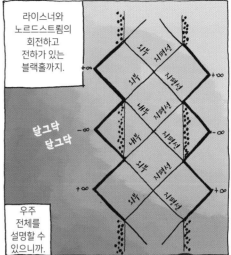

라이스너와 노르드스트룀의 회전하고 전하가 있는 블랙홀까지.

달그닥
달그닥

우주 전체를 설명할 수 있으니까.

아무리 긴 시간이라도.

스티븐.

지금 씻고 있어.

여보, 늦었어.

알았어, 금방 내려갈게.

퍽이나….

알았어. 서둘러줘.

대부분의 동료는 사건의 지평선에 대한 나의 사고방식을 받아들였다.

하지만 그렇게 되기까지 오래 걸린 이들도 있었다.

그중 한 명이 휠러의 제자인 제이콥 베켄슈타인이었다.

스티브, 지금 뭐 하는 거야?

옷도 제대로 안 입었네. 이러다가 예배에 늦겠어.

아. 그거였군. 난 그냥 집에 있을게.

그래. 그럴 줄 알았어.

베켄슈타인은 나의 면적 증가 정리를 보고…

블랙홀의 확장을 설명하는 방정식과 고전 열역학 방정식이 유사하다는 걸 알아채고는…

블랙홀에는 엔트로피가 있다는 결론을 내렸다.

엔트로피는 공간에서의 무작위성 또는 무질서의 척도다.

하지만 블랙홀은 우리가 상상할 수 있는 **가장 균일한** 물질이다.

게다가 공간도 전혀 차지하지 않는다.

따라서 블랙홀에 엔트로피가 있다는 건 **완벽하게 터무니없는** 생각이었다.

…그래, 교회에 입고 갔던 외출복은 벗어놓고.

스티븐, 오늘 예배가 얼마나 멋졌는지 몰라. 성가대의 찬양은 당신도 마음에 들었을 거야.

아빠, 우리가 다 같이 노래를 불렀어!

그래, 그랬구나.

우와, 이건 뭐니?

내 인형이야. 얘도 같이 불렀어. 아빠는 왜 안 왔어?

그건 제자리에 내려놔, 루시.

아빠 생각하느라 바빠서.

놀랄 만한 소식이라도 있나 봐.

아니, 그게. 올해 여름 말인데. 프랑스령 알프스로 가는 게 어떨까?

우리 가족에게 멋진 여름 휴가가 될 것 같은데.

휴가?

우리 가족에게?

내가 참석하고 싶은 여름 학기 수업도 열리고.

나는 1972년 레우쉬에서 열린 학회에서 브랜든 카터, 존 바딘과 함께 베켄슈타인의 주장을 바로잡았다.

블랙홀에 엔트로피가 있다는 그의 개념 말이다.

블랙홀 역학의 4대 법칙

그건 그저 은유에 지나지 않습니다.

아니면 비유거나요.

아니, *사실* 그렇게까지 볼 것도 없습니다. 블랙홀이 복사를 하지 않는다는 건 누구나 알고 있으니까요.

우린 추후에 이 개념을 가볍게 일축하는 논문도 발표했다.

모두가 내 의견을 이해한 채로 프랑스를 떠났다.

블랙홀과 엔트로피

하지만 베켄슈타인은 달랐다.

그리고 휠러도.

그런데 말이죠, 제이콥…

당신의 아이디어는 정말 터무니없게 들리지만, 어쩌면 사실일지도 모르겠어요.

야코프 젤도비치 같은 몇몇 러시아인들도 마찬가지였다.

당신도 같이 가야 해. 모스크바라니까. 멋진 휴가를 보낼 수 있을 거야.

이번엔 우리끼리만 가자. 애들은 놔두고.

킵과 나는 이듬해에 모스크바로 가서 젤도비치를 만났다.

젤도비치와 스타로빈스키는 양자역학과 일반상대성이론을 결합한 자신들의 연구에 대해 들려주었는데

알렉세이 스타로빈스키

보드카

그들의 계산에 따르면 회전하는 블랙홀은 입자를 뱉어낼 수 있다는 결론이 나왔다.

하지만 나는 그렇게 두 가지를 결합한 방식이 마음에 들지 않았다.

놀라움과 곤혹(1973~1974년)

그래서 나만의 방식으로
연구를 진행했다.

저기…
스티븐은
괜찮은 건가요?

네?

벌써 몇 시간째
아무 말도 안 하고
있어서….

…

아,
내가 못살아.

괜찮으니까 걱정마세요.

스티븐.

물리는 잠깐 내려놔.

응?

장장 몇 개월이 걸렸다.

하지만 이 문제의 답에 다가가면서 회전하는 블랙홀에서 젤도비치와 스타로빈스키가 예측한 복사를 찾아내게 될 것이 예상됐다.

베켄슈타인이 이걸 보면 자기 주장을 뒷받침하는 증거로 쓸 거라고.

하지만 회전하지 않는 블랙홀마저도 입자를 생성하고 방출한다는 결론이 나오자 **곤혹스러워졌다.** 그래서 제자인 게리 기번스와 의논했다.

블랙홀에 엔트로피가 있다니 정말 맘에 안 들어.

맘에 안 드는 정도가 아니잖아요.

거의 비웃다시피 했으면서. 하지만 다 지난 일이잖아요? 이제 사람들에게 알려야죠.

그래야지. 그전에 일단 게리랑 이 *접근법*을 정리하고 계산을 *끝내야* 해.

하지만 내가 입장을 '전면 철회했다'는 소문이 먼저 퍼져나갔다.

155

"그거 들었어요? 호킹이 주장을 전면 철회했대요!"(1974년)

불쌍해라. 예쁜 거위였는데. 하지만 차갑게 식어도 맛있지 않을까?

아니. 갓 구웠을 때가 훨씬 맛있어.

됐고, 케이크나 먹어.

아니. 난 마음에 안 들어.

$\delta M = \frac{\kappa}{8\pi} \delta A + \Omega \delta J + \cdots$

저도, 음, 마음에 들진 않아요. 하지만 죄송한 말씀이지만…

파인만이 했던 말이 생각났다. "우린 아주 철저하게 들여다 보았고 정말로 이렇게 생겼어요. 그런데 마음에 안 든다고요?"

"그럼 자연 법칙이 더 단순하고 **철학적으로** 더 **만족스러운** 다른 곳, 다른 우주로 가세요."

우린 모든 블랙홀이 복사를 방출한다는 것을 알아냈다.

그러니 블랙홀에 엔트로피가 있다는 베켄슈타인의 주장이 기본적으로 옳다는 걸 받아들여야만 했다.

나는 옥스퍼드에서 열린 학회에서 요점 발표를 했다.

**내가
틀렸습니다.**

나는 먼저 베켄슈타인의
엔트로피에 관한 주장에 내가
어떤 입장이었는지 밝혔다.

그리고 더욱 흥미로운 이야기, 즉 내가
왜 틀렸고 그것은 무엇을 의미하는지에 대해
말을 이어갔다.

그런 다음, 블랙홀의 사건의 지평선에 관한
혼합적인 접근법을 제시했다.

입자가 무한대로
빠져나감
블랙홀에 떨어지는
반물질

중력에 관해서는
일반상대성이론이라는
고전 *이론*을 취했습니다.

다들 아시다시피,
블랙홀에는 사건의
지평선이 있습니다.

로저 펜로즈에 의하면 블랙홀은 특이점의 예측 가능성이 무너져도
외부 관찰자가 거기에 영향을 받지 못하도록 막습니다.

입자가 무한대로
빠져나감
블랙홀에 떨어지는
반물질

노출 특이점은
존재하지 않아요!

반입자는 블랙홀의 에너지를 감소시키고 영영 떠납니다.

그럼 블랙홀은 *사실상* 반입자의 짝을 뱉어버린 셈입니다.

복사를 한 거죠.

따라서 양자론과 일반상대성이론을 결합한 제 연구에 의하면 진공 상태는 비어 있는 게 아니며…

…블랙홀은 그렇게 검지 않습니다.

모두가 내 말을 이해한 것 같지는 않았다.
질문이 많지 않았다. 좋은 징조는 아니었다.

매우 전문적인 내용이었고
내 주장은 아주 미묘한데다
수학적이었으니 그럴만했다.

그렇다고 사람들이
내 결론을 이해하지 못했다는
뜻은 아니었다. 전부
호응해준 것도 아니었다.

**세션 사회자,
존 테일러**

나도 베켄슈타인의
주장을 못마땅해
했었으니 할 말은
없지만 말이다.

그럼 질문은
없는 걸로...
아니, 더는 없는 걸로
알고 넘어가죠.

하지만 전 개인적으로
받아들일 수가 없군요.
사건의 지평선에서
에너지 입자가
생성된다니요.

우리가 기대했던
폭발적인 반응은
나오지 않았다.

스티븐, 미안하지만
이건 완전히
헛소리예요.

다음 논문으로
넘어가 보죠.
이샴 박사님의...

"블랙홀 폭발?"
〈네이처〉 vol. 248:30-31.(1974년)

존경을 담아, 뭐 그렇게 끝맺어줘.

"존경을"

…

"담아. S. W. 호킹 드림."

존경을?

그냥 인사말이야.

〈네이처〉는 3월호에 그 논문을 게재했고 제목 끝에 물음표도 그대로 붙여줬다.

제이콥, 자네가 좋아할 만한 기사야. 호킹이 어떤 의문을 제기했어!

이제 전 세계 사람들이 내가 던진 의문을 알게 됐다.

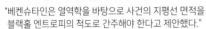

"베켄슈타인은 열역학을 바탕으로 사건의 지평선 면적을 블랙홀 엔트로피의 척도로 간주해야 한다고 제안했다."

난 그냥 제안만 한 게 아니야!

"하지만 그도 블랙홀이 입자를 흡수할 뿐 아니라 방출하기도 한다는 점은 제시하지 못했다."

물론 그런 건 몰랐어. 하지만 스티븐 당신도 마찬가지잖아.

뭐, 아무튼…

162

"그래서 바딘과 카터 그리고 나는 면적과 엔트로피의 열역학적 유사성이 은유에 불과하다고 치부했다."

'은유에 불과하다'는 이 표현 좋군. 호킹은 그걸 일축하려고 방정식을 34개나 써서… 10장에 달하는 논문을 썼잖아.

누가 봐도 지나친 이의 제기였지.

"하지만 우리가 얻은 결론은 그보다 더 많은 것을 시사한다."

블랙홀은 조건이 완벽하게 맞아떨어지면 증발하거나 심지어 폭발할 수도 있다.

이건 정설에 **배치되는** 의견이었다.

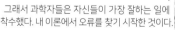

그래서 과학자들은 자신들이 가장 잘하는 일에 착수했다. 내 이론에서 오류를 찾기 시작한 것이다.

내가 전제한 가정이 잘못됐다거나,

계산상의 실수는 없는지.

훌륭하군.

아무것도 찾아내지 못했어. 하지만 자네도 직접 검산을 해보게.

좋은 소식이군. 나는 젤도비치랑 스타로빈스키를 만나러 모스크바에 가는 길이야.

우리가 특별히 살펴봐야 할 점이 있나?

러시아 과학자들도 마침내 내 의견에 동조했다.

〈하지만…〉

스카치 위스키

〈러시아어〉

〈회전을 멈춘 후에도 계속 복사를 할 거예요. 스티븐이 증명했듯이…〉

아니에요, 아니에요. 〈내가 벌써 오래 전부터 말해왔듯이, 휘어진 시공간에서 양자장은 그런 식으로 작동하지 않아요.〉

〈하지만… 저는 호킹의 주장이 옳다고 확신해요.〉

〈우리의 연구 결과를 전부 보여줬잖소. 우리의 가설들도요. 내 계산에 어디 잘못된 부분이라도 있었나요?〉

〈글쎄요. 스티븐이 여기에 있었다면 아마 이렇게 말했겠죠.〉

〈하. 난 당신에게 묻고 있는 거요. 당신은 나와 같은 생각인 거죠?〉

아니야, 아니야, 아니야.

킵은 그때 러시아에 있었다.

〈야코프 보리소비치, 전 비행기 시간이 다 돼서….〉

〈아니오. 아니, 그렇죠!〉

〈저도 더 얘기를 나누고 싶지만 그럴 시간이 없어요. 빨리 짐을 싸서 공항에 가야 하는데…〉

〈네, 알았어요. 지금 잠깐 들를게요.〉

그리고 눈코 뜰 새가 없었다.

〈당신이 가고 나서도 계속 확인을 해봤는데…〉

〈우리가 항복할게요!〉

〈우리 계산이 틀렸어요. 가설도 잘못됐고요.〉

"내가 옳기만 하면 상세한 건 안 따져도 돼."(1974~1975년)

킵은 돌아오자마자 이 좋은 소식을 우리에게 전해주었다.

우리는 패서디나에 있는 캘리포니아 공대에서 안식년을 지내고 있었다.

일반상대성이론과 양자론을 부분적으로 결합한 자네의 접근법을 '휘어진 시공간에서의 양자장 법칙'이라고 명명하겠다더군.

법칙이라. *그거 좋군.*

그럼 영국왕립학회도 날 입성시킨 걸 후회하지 않을 거야.

아. 맞다, 맞다. 아빠가 아주 **커다란 책***에 자기 이름을 적었대요.

드디어? 그거 잘됐구나.

환영식은 그해 초에 거행됐고 내가 어딘가에 서명을 한 건 그때가 마지막이었다. 연단에 올라갈 수가 없어서 사람들이 책을 갖고 내려와 서명하게 해주었다.

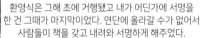

반드시 지켜야 할 절차라는 것도 있으니까.

* 영국왕립학회의 공식 출석부-옮긴이

166

내 법칙의(아니, 블랙홀에 관한 모든 법칙의)
유일한 문제점은 그걸 뒷받침할 실험이 없다는 거였다.

지금까지 블랙홀을 관측한
사람은 아무도 없었다.

하지만 블랙홀이 아무리 검다고 해도 포기할 우리가 아니었다.
일찍이 휠러는 이 실험 방법을 아주 일반적인 용어로 풀어서 설명했다.

조명이 희미한
무도회장에서 여러
쌍의 남녀가 춤추는 걸
상상해보세요.

여자들은 전부 흰 드레스를,
남자들은 거의 다 흰 턱시도를 입었어요.

하지만 검은 옷을 입은
남자들도 몇 명 있죠.

거기서
어떤 여자가
춤을 추면서
주위를 빙빙
도는 게 보이면…

167

거기에 파트너가 있다고 확신할 수 있죠. 비록 우리 눈에는 안 보이더라도 말이죠.

블랙홀도 마찬가지였다. 우리는 블랙홀이 있다고 생각했지만 직접 관측을 통해 발견한 적은 없었다.

내 이름도 써볼게요. 얼마나 잘 쓰는지 보실래요?

그래, 보여줘!

루시, 나중에. 아저씨는 아빠랑 할 얘기가 많으서.

전파천문학자들이 약간의 가능성을 확인하긴 했지만 어디까지나 가능성에 지나지 않았다.

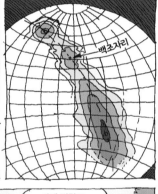

그중 하나가 백조자리 X-1이었다.

백조자리

킵과 나는 틈만 나면 그걸로 논쟁을 벌였다.

위이이이잉

자네 정말로 그렇게 생각해?

그래. 난 위험한 길은 싫거든.

BAR

위이이이잉

좋아, 그럼.
증인들 앞에서
확실히 해두자고.

WHIRRRZZZZZZ

돈 페이지

스티븐 호킹은 이미 일반상대성이론과
블랙홀 등에 많은 투자를 했기에,
안전한 길을 원하며….

안나 지트코프

킵 손은 보호 장치 없이
위험하게 살고자 한다.

그러므로 다음과 같이
내기를 하는 바이다.

나는 백조자리 X-1에 찬드라세카르 한계를 넘는
블랙홀이 없다는 데 〈펜트하우스〉 잡지의 1년 구독권을,
킵은 있다는 데 〈프라이빗 아이〉 잡지의 4년
구독권을 걸었다.

블랙홀 연구에
전념해온 나로서는,
그것이 존재하지
않는다고 판명되면
지금까지의 노력이
모두 수포로 돌아갔다.

왜
〈프라이빗 아이〉
잡지예요?
그건 좀…

그럼 다음에 또 보자고.
이건 액자에 넣어서
보관해야겠어!

그럴 경우는 최소한 내기에 이겼다는
사실에서 위로를 받아야겠지.

쿨럭
풍자적인 잡지죠.
안나는 킵이 고른
포르노 잡지가
더 좋아요?

맙소사,
그럴 리가요.

169

나는 이제 블랙홀 문제 외에도 빅뱅과 우주의 시초에 관해 연구하고 있었다.

그리고 각종 실험이 드디어 이론을 따라잡기 시작했다.

그로트 레버 같은 전파천문학자들이 특정한 장소에서 나오는 강력한 전파 (블랙홀의 단서)를 발견한 반면…

펜지어스와 윌슨은 최근에 어느 방향에서 측정해도 똑같이 들리는 잡음을 발견했다.

…이 **이론**은 관측 결과와 상충해요.

그런데 여기 지지직 소리가 계속 들리는데요.

죄송합니다, 호일 교수님. 오디오를 조정해볼게요.

그 지지직거리는 소리가 바로 **우주배경복사**다. 여러분이 라디오 채널을 돌릴 때 중간에 들리는 소음 말이다.

너무 신경이 쓰여서 안 되겠어요.

빅뱅이 만들어낸 소리가 시공간 전체에 퍼져 있는 것이다.

170

적절한 시점에 보면 지구가 기본적으로 매끄러운 구체인 것처럼…

이 잡음은 우리의 시점에서 볼 때 우주가 놀라울 만큼 균일하다는 걸 말해준다.

문제는 '왜'였다.

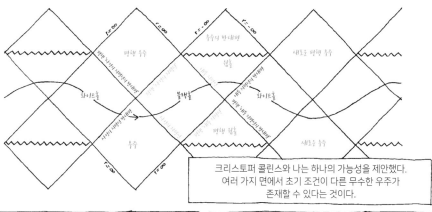

크리스토퍼 콜린스와 나는 하나의 가능성을 제안했다. 여러 가지 면에서 초기 조건이 다른 무수한 우주가 존재할 수 있다는 것이다.

적절한 속력으로 팽창하는 우주만이 은하를 가질 수 있고 따라서 지적 생명체도 있을 수 있지.

항성계에서나 행성에서나 인간들 사이에서나, 거시적인 균일성과 적절한 미시적 차이가 미묘하게 균형을 잡고 있어야 해.

따라서 우리가 관찰하는 우주가 등방적(방향이 달라져도 성질은 변하지 않는)이라는 사실은 단순히 우리 자신의 존재를 반영하는 건지도 몰라.

안나! 연구에 진전이 좀 있어요?

킵 교수님과 중성자별에 대한 새로운 개념을 정리하고 있어요.

브랜든 카터가 바로 이어서 이를 간결하게 설명하는 논문을 발표했다.

"우리는 우주에서의 위치로 **필연적**으로 관찰자로서의 특권을 갖게 되었다는 것이 **'약한' 인류 원리**다."

잠깐, 그럼 우리한테 **특권**이 주어진 거예요? 우주의 창조에 의한 필연적 결과로요? 참 엄청난 주장인데요.

설마 우주의 탄생에 대한… **그 케케묵은 주장**보다… *이게 더 놀랍다고?*

자네는 **카터**의 **'강한' 인류 원리**를 더 좋아할지도 모르겠군.

우리 우주는 그 안에서 관찰자가 **반드시 탄생할** 수밖에 없는 곳이라는 주장이지.

우리는 여기에 존재하니까, 물리 **법칙**은 우리의 존재와 **양립**해야만 해. 우리와는 다른 법칙을 지닌 다른 우주가 있을지도 *모르지만*…

…거기엔 그걸 연구할 사람이 아무도 없어. 아니, 존재할 수가 없어!

그런 건…

과학자의 주장이라고는 믿기 힘들 정도인데요.

물리학보다는, 뭐랄까… 철학에 가깝지 않나요?

우주의 기원에 관한 내 연구는 과학과 종교의 경계에 있다고 할 수 있지.

난 그 경계선에서 과학 쪽에 머무르려고 노력하고 있어.

우주와 그것의 탄생에 관해 논의를 거듭할수록, 나는 **시간**에 대해 더욱 깊이 생각하게 됐다.

특히 시간의 모순에 대해서. 우리가 **아는** 물리 법칙들은 시간 대칭적이다.

그렇다면 우리가 시간을 앞당기거나
되돌려도 똑같이 작용해야 한다.

하지만 우리가 사는 우주는
그런 식으로 작동하지 않는다.

시간이 지나면
엔트로피는
반드시 증가한다.

미안.

오, 저런.

그 반대로 흘러가는 경우는 절대 없다.

그게 바로 열역학적
시간의 화살이다.

그런가 하면 심리적인 시간의 화살도 있다.
우리는 과거의 사건들을 기억한다.

하지만 미래는
기억하지 못한다.

그리고 우주론적 시간의 화살이 있다.
우주가 팽창하는 시간의 방향이다.

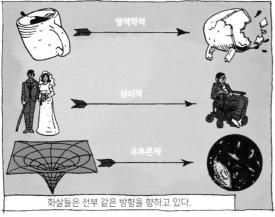

	열역학적	
	심리적	
	우주론적	

화살들은 전부 같은 방향을 향하고 있다.

문제는
'왜'냐는 거야.

$\Phi_0) = 0$

그리고 우주에
재수축기가 오면
그 시간의 화살들이
거꾸로 돌려진다고
예상하는 거지?

우주가 붕괴할 때
진짜 그렇게 되는지
지켜보려면 **한참**을
기다려야 할 텐데.

아니면
자네가 블랙홀
안으로 뛰어드는
방법도 있지.

콜록

그렇게 되면
외부에 있는
사람들에게 내가
옳았다는 말을 전할
수가 없겠군.

175

$H\Psi(h_{ij}, \phi_0) =$

$\left[\dfrac{\delta\Psi}{\delta h_{ij}}\right]_{li}$

$\cdots = 8\pi$

그때부터 자넨 과거가 아닌 **미래**에 있게 될 테니까.

뿐만 아니라 *열역학적* 화살이 **진짜로** 되돌려진다면 자기가 뛰어든 것도 기억하지 못할 거야.

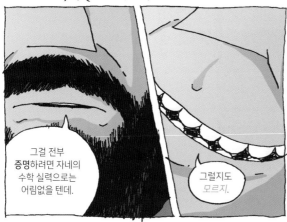

그걸 전부 **증명**하려면 자네의 수학 실력으로는 어림없을 텐데.

그럴지도 *모르지.*

지이잉

하지만 난 내가 옳기만 하면 상세한 건 안따져도 돼.

신이라는 가설(1975년)

실은 벌써 몇 년 전에 킵에게 말한 내용이었다.

그 주제로 쓴 논문에는 확실히 수학이 엄청나게 많이 들어갔다.

'상세한 건 안' 따진다면서.

그러나 바로 뒤이어 실시한 돈 페이지의 분석 결과는 그렇지 않았다. 게다가 나의 주요 결론 일부와 상충됐다.

나는 논문을 발표하기 직전에 돈의 생각이 맞는 것 같다는 주석을 덧붙였다.

다는 아니고 대부분.

그로부터 얼마 지나지 않아, 우리는 캘리포니아공대로 옮겨갔고 돈도 얼마 후부터 우리와 함께 살게 됐다.

그는 나와 함께 연구를 진행했고 나의 일상생활에도 도움을 주었다.

우리 위층에는 학부생들이 살았다. 예전에는 집 전체가 학생 숙소였던 곳이라 수리할 부분이 **많았다.**

나는 이제 계단을 오를 수 없어서 우리는 계단을 분해하고 1층을 우리만의 공간으로 개조했다.

일찍 일어났네요. 간밤에 잘 잤어요?

아직 시차 적응은 안 됐지만 참을 만해요. 감사합니다.

전 원래 아침잠이 없거든요.

그렇다면 다행이고요. 스티븐의 일과를 알려줄게요.

아침 식사를 할 때 이 약들을 완화제와 같이 먹어요.

세상에, 이렇게나…

네, 많죠. 그이는 자신의 주치의 노릇을 하고 있거든요. 덕분에 전 약국에 한번 들어가면 한참을 머물다 와요.

식사는 삶은 달걀과 돼지갈비, 쌀밥 그리고 차예요. 토스트는 글루텐이 들어가서 그이는 못 먹어요.

그 신문은 〈타임스〉 맞죠? 거기 거치대에 세워두면 돼요.

캘리포니아에서 일어나는 일에 별로 신경 안 쓰시는 것 같던데, 이건 왜?

아직 교수 식당에 안 가봐서 모르는군요.

동료들과 점심을 먹으면서 나눌 얘깃거리가 필요해서 신문을 챙겨보고 있어요.

우리는 새로운 일과에 비교적 빠르게 적응해나갔다.

로버트, 동생 좀 보고 있어. 엄마는 아빠 깨우러 갈게.

돈, 편하게 식사하세요.

시리얼과 뮤즐리, 토스트가 있어요. 이따가 달걀도 삶아줄게요.

모두, 안녕.

아빠, 안녕.

어서 와요, 아빠.

안녕히 주무셨습니까.

제가 오늘 아침에 흥미로운 글을 읽었는데요.

히브리서 11장 3절 말씀이에요. "믿음으로 우리는 온 세상이 하나님의 말씀으로 창조됐고 따라서 보이는 것은 드러난 것으로 말미암아 지어지지 않은 것을 압니다."

아주 정확한 예언 아닌가요? 우리의 세상, 눈에 보이는 이 세상은 드러나지 않는 것들로 구성돼 있잖아요. 소립자 말이에요.

이건 꼭 한 번 생각해보셔야….

돈, 토스트 좀 더 먹을래요?

죄송합니다. 뭐라고요?

아. 음. 네, 좋아요. 감사합니다.

콜록

마마이트 잼 먹어본 적 있어요?

아니오. 미국에는 없는 음식 같은데요.

초콜릿을 바르는 것 같은 느낌이네요.

한번 먹어봐요.

오, 맙소사.

...

어쩜 이런?

나는 부엌에서 과학의 모든 것을 배웠다

화학부터 물리학·생리학·효소발효학까지 요리하는 과학자 이강민의 맛있는 과학수업

매일 부엌과 연구실을 오가는,
어느 별난 과학자가 차려낸 풍성한 과학의 만찬!

★ 2017년 세종도서 교양 부문 선정작(문화체육관광부)
★ 한국출판문화산업진흥원 2018 한국도서 정보 번역 사업 선정도서
★ 한국출판문화산업진흥원 텍스트형 전자책 제작지원 선정작(2017)

이강민 지음 | 192쪽 | 12,000원

부엌의 화학자

화학과 요리가 만나는 기발하고 맛있는 과학책

흥분과 호기심으로 가득한 분자요리의 세계!

★ 미래창조과학부인증 우수과학도서(2016)
★ 한국출판문화산업진흥원 텍스트형 전자책 제작지원 선정작(2016)
★ 학교도서관저널 2017 추천도서(청소년인문)

라파엘 오몽, 티에리 막스 지음 | 김성희 옮김 | 236쪽 | 13,000원

화학에서 인생을 배우다

평생을 화학과 함께 해온 한 학자가 화학 속에서 깨달은 인생의 지혜

"화학은 아름답다! 화학은 인생이다!"

★ 교육과학기술부 인증 우수과학도서(2010)
★ 서울과학고 추천도서(2011)
★ 책따세 여름방학 추천도서(2011)
★ 도서추천위원회 추천도서, 학교도서관저널 추천도서

황영애 지음 | 256쪽 | 14,000원

혹시 조금 더 없나요?

다 먹었어요.

고마워요. 로버트, 너는 학교 갈 준비해야지.

접시는 제가 치울게요.

동생 준비까지 도와주면 오늘 자기 전에 아빠가 동화책을 읽어주실 거야.

응, 물론이지. 《곰돌이 패팅턴》을 읽어주마.

고마워. 당신이 그렇게 해줄 줄은 몰랐어.

내가 곤경에 처한 당신을 **모른 척**할 줄 알았어? 우리가 이 문제에 의견이 일치하지 않는 걸 돈이 알았나 봐. 하지만 그런 얘기는 시간과 장소를 봐가면서 해야지.

아침 식사 자리에서 할 얘기는 아니잖아.

뭐라고 하셨나요?

아니에요. 그냥 스티븐의 식사를 도와주고 있었어요.

우린 '그런 얘기'에 대한 입장이 달랐지만 서로를 눈감아주었다.

그리고 나도 라플라스가 말한 '신이라는 가설'에 **완전히** 반대하는 건 아니었다.

바로 얼마 전에 교황청의 초청으로 로마에서 비오 12세 메달을 받아오기도 했다.

...지오바네 시엔치아토 페르 운 라보로 디스틴토.

...훌륭한 업적을 이룬 젊은 과학자에게 수여합니다.

감사합니다.

감사합니다.

가톨릭교회는 빅뱅 이론과 내 연구를 마음에 들어 했다. 사제였던 르메트르와도 관련성이 있는 데다 가톨릭 교리와 양립하는 내용이었으니 말이다.

현재의 교리와 말이다.

갈릴레오의 문서를 직접 보고 싶다고 전해줘.

그 주장을 철회하라는 명령을 받았을 때, 갈릴레오가 서명했던 문서를 보여주실 수 있느냐고 하네요.

나투랄멘테. 일 미오 아시스텐테 리 아브라 프론티 페르 테 인트로 퀘스토 포메르지오.

물론이죠. 오늘 오후에 열람하실 수 있도록 준비해놓으라고 하겠습니다.

350년이나 흘렀잖아. 공식적으로 *사과할* 생각은 없는지 물어봐 줄래?

그리고

안 돼, 스티븐.

부탁이야.

그리고 공식적으로 사과문을 발표하시는 게 어떠냐고 하네요.

벌써 3세기 전에 일어났던 일이니까요.

...

정말 죄송합니다.

논 임포르타 필리올라 카피스코. 프리마 케 투 바다, 포소 베네디레 티?

사과할 것 없어요. 다 이해해요. 헤어지기 전에 두 분을 축복해드려도 될까요?

콜록 콜록

우린 이 여행에서 서로 다른 걸 얻은 모양이었다.

그동안 착실하게 신앙심을 키워온 제인은 교황을 만난 것 자체를 기뻐했다.

하지만 나중에 밝히듯이 제인은 유명세가 커가는 데 점점 지쳐갔다.

이번에 또 메달을 수여한대. 아주 영광스러운 일이지. 루스, 난 정말로 자랑스럽고...

제게는 '정말로 자랑스럽**지만**...'으로 들리는데요.

어떤 기분인지 알 것 같아요.

벌써 잔이 다 비었구나. 다시 물을 끓여올,

전 괜찮아요. 그냥 앉아 계세요!

그리고 주제넘을지
모르지만…

제 생각에는
제인도 뭔가를
받을 자격이
있어요.

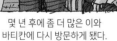

몇 년 후에 좀 더 많은 이와
바티칸에 다시 방문하게 됐다.

메달 수여식이 아닌 우주과학학회에
참석한 것인데, 거기서 짐 하틀과 함께
발전시킨 무경계 제안을 발표했다.

빅뱅 특이점에서
물리학의 붕괴를 다룬 내용이었지만
논문에서는 조금 수위를 낮춰서
'**예측 가능성**의 붕괴'라고 표현했다.

따라서 우주의 경계 조건은 우주에는
경계가 없다는 것입니다.
우주가 스스로 시공 속에
둘러싸여버리는 거죠.

새로운 교황은 학회를 열심히 참관하지 않은 것 같았다.

양자역학적인 주장이나 허수 시간 같은 개념은 어차피 들어도 이해하지 못했을 것이다.

설령 이해했다 하더라도, 나의 무경계 개념에 함축된 의미를 마음에 들어 했을 리가 **없다**.

이렇게 무한한 우주에 대체 창조자가 왜 필요하단 말인가?

교황은 아마 무지의 원리를 더 좋아했을 것이다.

무지의 원리(1975~1980년)

그건 내가 보스턴에서 열린 텍사스 심포지엄에서 소개한 것이다.

버나드카

일반적인 양자역학으로는 입자의 위치나 속도를 예측할 수 있지만 두 가지를 동시에 하는 건 불가능했다.

블랙홀 복사의 경우라면 예측 불가능성은 그보다 훨씬 더 커진다.

블랙홀에서 방출되는 입자에 대해서는 그 무엇도 확실하게 예측할 수 없기 때문이다.

저는 이걸 '무지의 원리'라고 명명했습니다.

저는 이걸 '무지의 원리'라고 명명했습니다.

입자의 위치도 속도도 알 수 없는 이 **무지함** 앞에서 나는 신에 관한 아인슈타인의 명언을 수정해보았다.

신은 주사위를 던질 뿐 아니라, 때로는 보이지 않는 곳으로 던집니다.

아인슈타인을 인용한 농담은 재미있었지만 이젠 **어떤** 농담이든 똑바로 전달하기가 힘들었다.

신은 주사위를 _던질 뿐_ 아니라, 때로는 보이지 _않는 곳으로_ 던집니다.

콜록

그즈음에는 가족과 친한 친구들만이 내 말을 알아들을 수 있었다.

신은 주사위를 _던질 뿐_ 아니라, 때로는 보이지 않는 곳으로 던집니다.

아. 아! 하하. 알았어요.

신은 주사위를 던질 뿐 아니라, 때로는 보이지 않는 곳으로 던집니다.

하하!

하하하.

187

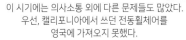
이 시기에는 의사소통 외에 다른 문제들도 많았다.
우선, 캘리포니아에서 쓰던 전동휠체어를
영국에 가져오지 못했다.

탁
탁
탁
탁

그래서 보건부에
전동 휠체어를
지원해달라고 요청했다.

단번에 거절당했다.

비용이 많이 드는 데다,
필수품으로 볼 수 없다고?

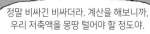

정말 비싸긴 비싸더라. 계산을 해보니까,
우리 저축액을 몽땅 털어야 할 정도야.

그럼 일단은 어쩔 수 없으니 포기해야…

아니,
살 거야.

패서디나에 있던
휠체어 경사로도
이곳에는 없었다.

제인과 나는 시 당국에 그런 부분을
시정해달라고 청원하기 시작했다.

나는 수없이 많은 편지를 썼다.

"다음과 같은 장소에 휠체어 경사로의 설치가 시급합니다.
킹스퍼레이드 거리, 케임브리지의 로빈슨 칼리지 등."

188

그리고
결국 빛을 보았다.

시간은 좀 걸렸지만.

덕분에 곤빌 앤드 카이우스
칼리지에서 부교수직을 제안받았다.
마침내 케임브리지에서 공식적인
직책을 맡게 된 것이다.

콜록
콜록

'주디 펠라'라는 비서도 고용했다.

안녕하세요, 스티븐.

안녕하세요.

누가 먼저 들어올 건가?

좋아요.

교수님, 제가 모두의 연구 진척 상황을 설명해드릴게요.

우선 제 것부터 시작하죠.

새로운 직책 덕분에 몇몇 대학원생을 지도하게 됐다. 말콤은 내 첫 학생이었고 그 후에 내가 캘리포니아에 가 있는 동안에도 그는

중력의 불안정성과 초중력에 관한 논문의 완성을 도와주었다.

좋아. 미치오 카쿠의 논문은 읽어봤나? 여기에 있는데.

죄송해요. 한 번만 더 말씀해주시겠어요?

대부분의 학생처럼(다들 어쨌든 성공했다),
그도 금방 독립해 나갔다.

콜록
콜록

나는 그가 성가신 성격이 아니라 좋았다.

아, 잠깐만요.
미치오
카쿠요?

아니오. 아직
못 봤어요. 이건
《초공간과 초중력》에
들어갈 내용인가요?

나는 전 세계에서 온 조력자들과 함께
내 저서를 편집하는 중이었다.

여기 15번
방정식이 잘못된
것 같은데. 주디,
이것 좀 봐줄래?

나는 표지에 색상을 넣고 싶었다.

왼쪽으로
조금 더 가는 게
어떨까?

저기가
좋을 것
같은데요.

케임브리지 출판부에서는 그만한 비용을
투자할 이유가 없다고 했다.

이런 유형의 책은
표지를 꾸민다고
판매 부수가 올라가지
않아요.

콜록

나는 원고를 되돌려달라고 협박해서
결국 허락을 받아냈다. 하지만 예상만큼
판매되지는 았았다.

내가 그전에 케임브리지대 출판부에서 낸
《일반상대성이론: 아인슈타인 탄생 100주년
기념 연구》는 잘 팔려서 나중에 아인슈타인
메달까지 받았다.

우리 집엔 둘째 아들 티모시가 태어났고, 제인은
스페인 중세 시가에 대한 논문을 완성했다.

우린 정신없이 바빠졌고 휠체어를 사느라
은행 잔고가 바닥이 난 탓에 살림도 빠듯했다.

아이들의 학비도 덩달아 올라서 나는
다시 책을 쓰기로 마음먹었다.

이번에는 표지야 어떻든
잘 **팔리는** 책으로.

책으로 쓸 만한 주제는 많았다.

허블과 빅뱅 이론 덕분에 우주가 팽창한다는 걸
알게 됐고 인류 원리는 그것이 특정한 방식으로
진행된다는 점을 내비쳤다.

별들이 은하를 구성하기에 딱 알맞은 덩어리가 되도록
시공간의 구조가 적절하게 조정되는 방식으로 말이다.

그래서 물질이 모여 별이 되고,

우주먼지가 모여
물리학자들이 된 것이다.

치명적인 결함(1981~1982년)

우리는 모스크바에서 만나 이 문제를 토의했다.

나는 우주의 인플레이션 팽창과 그것을 설명하는 지배적인 이론들의 문제점에 대해 발표했다.

원고를 미리 준비하지 않은 어려운 발표였기에, 러시아인이 즉석에서 통역을 해줘야 했다.

앨런 구스의 주장에서부터 시작해보죠.

그러니까… 앨런 구스의 이론부터 살펴보고자 합니다.

통역은 안드레이 린데가 해주었다. 처음에는 내 말을 그대로 옮겼다.

〈우선 구스의 이론부터 보겠습니다.〉

이전의 인플레이션 팽창 모델이 지닌 문제점은 다음과 같습니다.

이전의 인플레이션 팽창 모델이…

〈이전의 인플레이션 팽창 모델에는 다음과 같은 문제점이 있습니다.〉

먼저, 힉스 장의 문제입니다.

그게… 힉스 장입니다.

콜록 콜록

〈러시아어〉

…
아, 무슨 말을 하려는지 알겠다.

〈대칭 문제와 힉스 장의 거의 즉각적인 붕괴를 여러 문제점 가운데 하나로 볼 수 있죠.〉

린데는 이 분야를 잘 알아서 내 발언을 더욱 상세하게 풀어 설명했다.

정말 다행이었다. 특히 내가 그의 이론을 언급할 땐 더욱 그랬다.

린데는 이런 문제들에 흥미로운 해법을 제안했습니다.

잠깐. 지금 설마?

내 논문 얘기야? 러시아 제일의 물리학자들이 여기 다 모여 있잖아. 그들한테 내 미래가 걸려 있고.

〈이런 기회가 또 어디 있담?!〉

〈죄송합니다. 음… 린데가 흥미로운 해법을 제시했습니다.〉

하지만 안타깝게도, 그의 연구에는 치명적인 결함이 많습니다.

안타깝게도, 린데의 연구에는…그러니까… 치명적인 결함이 조금 있습니다.

〈제 논문에는, 음.〉

〈호킹의 말에 따르면 치명적인 결함들이 있습니다.〉

나는 린데의 시나리오에 담긴 문제점을 파헤치는 데 30여 분을 사용했다.

〈먼저, 그건 무효한 이론이라는 것인데…〉

아마도 그의 입장에서는 불편한 시간이었던 것 같다.

〈두 번째로 린데의 '새로운 인플레이션'으로는 설명이 안 되는…〉

〈그리고 마지막으로 린데의 이론으로는 절대 불가능한…〉

내 발표가 끝나자, 린데가 자기 변론을 했다.

러시아어로 소통해서 나는 무슨 말이었는지 모른다.

〈짧게 제 의견을 말씀드리겠습니다. 저는 호킹 교수님의 강의를 통역했지만 그의 주장에 동의하진 않습니다.〉

행사가 끝나고 린데가 직접 다가왔다.

제 이론에 거신 반론에 대해 둘이서 이야기를 나눌 수 있을까요?

우리는 두 시간 남짓 토론했다. 행사 주최 측은 '영국의 유명 과학자가 모습을 감추었다'며 크게 당황했다.

논문에선 그런 말이 없었잖아요.

그런데 왜 논문에선 그렇게 언급 안 했죠?

〈린데 위원. 호킹 박사에게 무슨 짓을 한 거죠? 박사가 어디를 다치기라도 했으면 당신도 각오하는 게 좋을 거예요.〉

〈다쳐요?〉

〈직접 보십시오. 우린 스티븐의 호텔로 자리를 옮겨서 토론을 계속할 겁니다.〉

〈전 케임브리지로 오라는 초청까지 받았다고요.〉

…

〈초청을 받았다고 다 갈 수 있는 건 아니에요.〉

카쿠 구스 린데 손 힐러 시아마
스타로빈스키 페이지 엘리스 젤도비치
카쿠 카터 펜로즈 하틀 페리
베켄슈타인 라이스너

1년 후 나는 인플레이션에 관한 여름 워크숍을 개최했다.

러시아 당국을 설득해서 린데와 다른 전도유망한 젊은 과학자들을 초대할 수 있었다.

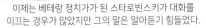

이제는 베테랑 정치가가 된 스타로빈스키가 대화를 이끄는 경우가 많았지만 그의 말은 알아듣기 힘들었다.

콜록 콜록

다시 한 번만 말해줄래요?

그-그-그러니까 내-내-내가 하려는 말은…

앨런 구스를 비롯해 미국인들도 많이 참석했다. 우리는 2주 내내 토론을 이어갔다.

그건 마-마-말이 안 돼요. 왜냐하면…

여기서 문제가 되는 건 입자물리학이에요.

결국엔 우리 모두 같은 결론에 도달했다. 새로운 인플레이션 모델로도 우리가 계산한 우주의 덩어리는….

너무 커요.

여기서 문제가 되는 건 입자물리학이에요.

내-내-내가 지금껏 한 말이 그-그-그거잖아요.

현재의 이론에 근거한 어떤 시나리오에서도, **모든 것은 결국 블랙홀로 귀결됐다.**

여기서 문제가 되는 건 입자물리학이야.

뭐라고? 아. "여기서 문제는 입자물리학" 이라고. 즉 양자론이군.

입자물리학을 우리의 중력 연구와 병합해도 우리가 원한 '만물의 이론'은 만들어지지 않았다.

카
손
페리
와인
맥주
페이지
스타로빈스키

2주간의 워크숍으로는 그럭저럭 쓸 만한 우주조차 만들어낼 수 없었다.

우리는 과연 양자론과 일반상대성이론을 합칠 수 있을지 의문을 품으며 헤어졌다.

그렇게만 된다면 근원적인 질문의 답을 얻을 수 있다.

우리가 살고 있는 우주는 어떤 곳인가?

도대체 어떻게 시작됐을까?

뭐라고요?

콜록 콜록 콜록

그리고 과연… 신은… 존재하는가?

…

그 문제에 관해선 서로 의견이 다르다고 합의를 봤잖아. 괜히 토론하지 않기로.

당신은 당신 의견이, 나는 내 의견이 있으니까.

하지만 남들은 그걸 토론하길 좋아하잖아. 그래서 그 주제로 책을 써볼까 하고.

콜록 콜록

대중 도서를.

미안, 스티븐. 뭐라고?

대중 도서 말이야.

우리 딸 학비도 벌어야 하잖아. 로버트처럼 루시도 퍼스 스쿨에 보내야지.

루시의 학비를 마련하는 게 무엇보다 시급했다.

오빠랑 똑같은 데는 안 돼. 나는 퍼스 스쿨의 여학생 학교에 가야지, 아빠.

응, 물론이지.

콜록 콜록

마침내 박사 학위를 수여받은 제인은 기간제 교사 일을 하고 있었다.

가계에 보탬이 되려고 말이다.

교회 성가대 활동에도 어느 때보다 열심히 임했다.

안녕하세요, 스티븐. 제인, 준비 다 됐어요?

잠시만 기다려요, 조너선.

조너선 헬리어 존스

별일 없죠?

네, 그럼요.

우리는 교회 이야기는 서로 삼갔다.

어쩌다 이야기가 나오면 늘 결말이 좋지 않았다.

새로운 책을 집필할 생각이래요. 그냥 교과서가 아니라 베스트셀러요.

책을 써요? 그런 일을 어떻게….

천천히 쓰는 거죠. 하지만 한번 마음 먹으면 해내는 사람이에요.

나는 우주에 관한 초기의 개념부터 풀어나갔다.

대부분의 사람은 우주가 항상 존재해왔다고 믿어버리려 한다. 그러면 우주 탄생 전의 초기 데이터에 관한 어색한 질문을 피할 수 있으니까.

죄송해요, '우주가 항상 전에 뭐라고 하셨죠?

대부분의 사람은.

콜록 콜록

아, 맞다. '대부분의 사람은.'

그리고 '우주 탄생 전의' 앞에 뭔가 있었던 것 같은데.

우주가 항상 존재해왔다고 믿어버리려 한다.

좋아요. '항상 존재해왔다고 믿어버리려 한다'?

아이디어를 발전시키는 데 시간이 꽤 걸렸다.

그래도 한두 장을 취합해서 케임브리지대 출판부에 보여줄 수 있었다.

편집자, 사이먼 미튼

"…우주가 항상 존재해왔다고 믿어버리려 한다. 그러면 우주 탄생 전의 초기 데이터에 관한 어색한 질문을 피할 수 있으니까."

199

열악한 틈새시장(1982~1985년)

"아인슈타인이 일반상대성이론을 공표함으로써 널리 받아들여졌고…"

어쩌고저쩌고, '우주 상수'가 어쩌고저쩌고, 기타 등등. 그리고 마지막은 이렇게 맺었군요. "하지만 그렇게 작을 필요가 있을까."

스티븐, 보다시피 이건 너무 전문적이에요.

엘리트용이죠. 일반 독자들은 우주 상수 같은 건 신경 안 써요.

하지만…

콜록

그쪽으로는 틈새시장이 아주 열악하다고요.

식품과 마찬가지예요. 삶은콩 통조림은 맛이 평범할수록 판매 시장이 넓어지죠.

나는 평범하기를 원하지는 않았지만, 책이 잘 팔리기를 바랐다.

공항에서 마구 팔려나가는 책들처럼 말이다.

시간이 좀 걸렸지만 글을 수정했다.

문명이 시작됐을 때부터 인간은 이런 질문들을 던졌다. "우주는 언제 시작됐을까?" "우주가 탄생하기 전에 어떤 일이 있었을까?" "우주도 언젠가 끝이 날까?"

죄송해요. '문명이' 다음에 뭐라고 하셨죠?

"문명이 시작됐을 때부터 인간은 이런 질문들을 던져왔다. '우주는 언제 시작됐을까?' '우주가 탄생하기 전에 어떤 일이 있었을까?' '우주도 언젠가 끝이 날까?'"

"대부분의 초기 우주론이나 신화에서 인간은 하나 또는 다수의 신에 의해 창조되었는데, 이런 신들은 인간의 모습과 성격을 지니고 있으며 독단적이면서 때로는 악의적으로 행동했다.

훨씬 낫군요.

하지만 아직도 너무 어려워요.
게다가 온갖 수학 공식이…

거의 매 페이지
있어요.

수학 공식이 하나 나올 때마다 판매량이
반으로 준다고 보면 돼요.

왜 그런 말을 해요,
사이먼?

우린 여태까지… 세 권을 함께했죠?
당신과 책 세 권을 냈어요.

그것들은 괜찮게 팔렸어요.
뭐, 기대한 만큼은
팔렸죠.

하지만,
봐요.

이건 조지 엘리스와
공동 집필한 첫 번째
책이에요.

고전이라고요? 그래요.
하지만 수학 공식이 **수백** 개* 나와요.

하지만…

콜록 콜록

새 원고에 더 쉬운 공식들이 들어간 건 나도 알아요.
그래도 수학은 수학이에요. 당신이 필요로 하는
독자층이 얼마나 **다른지** 자각해야 해요.

* 실제로는 1,000개도 훨씬 넘는다.

일반적인 독자들은 서점에서 책을 훑어보면서 읽고 싶은지 아닌지를 결정해요.

그런 사람들이 이 책을 보면 "수학 계산이 있잖아" 하면서 바로 내려놓을 거예요.

우린 당신 책을 출판하고 싶어요. 진심으로요. 하지만 이대로는 무리예요.

편집자가 틀렸어요. 이건 그렇게 어려운 책이 아니에요.

이 공식들은 꼭 필요해요. 거기에 진실이 담겨 있잖아요. 게다가 이렇게 아름답고요.

한참을 고민한 끝에 나는 그가 옳다는 결론을 내렸다.

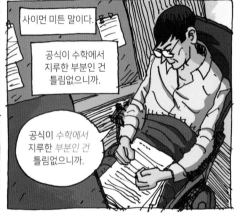

사이먼 미튼 말이다.

공식이 수학에서 지루한 부분인 건 틀림없으니까.

공식이 수학에서 지루한 부분인 건 틀림없으니까.

그래서 다시 수정했다.

1장: 우주에 관한 초기의 생각들.

'우주에 관한 초기의 생각들'이요?

콜록 콜록

그즈음 〈뉴욕타임스〉가 내 기사를 다루면서 언론의 관심이 쏟아지기 시작했다.

스티브, MGM 영화사 말인데요.

202

거기서 또다시 편지를 보냈어요.
어떤 식으로든 답을 해야 할 것 같아요.

...
싫다고
해요.

나도 우리 가족도 배우들이 우리 역할을 연기하는 걸
보면 자존감이 무너질 테니까.

"저는 어떠한 극의 대상이 되고 싶지 않으며
이 영화 프로젝트에 어떤 식으로든
참여할 마음이 없습니다."

유명세란 성가신 것이었다.
온갖 일들에 관련된 편지가 더욱 많이 날아 들어왔다.

뒷받침할 증거가 아무것도 없는 다양한 이론들.

이론가의 천재성에 *대한*
근거 없는 믿음만 *가득하군.*

...
그래,
알았어.

콜록

하지만
주목받는 게
나쁘지만은
않네.

신기한 우연의 일치로 장애인의 접근권에
대한 시의회의 태도가 바뀌었으니까.

콜록
콜록 콜록

우리의 청원서에 드디어 답을
해주고 있어. 이러다가 진짜로
요청을 들어줄지도 모르겠어.

어린애들을 줄줄이 달고 휠체어를 밀던
몇 년 전에 들어줬으면 더 좋았겠지만.

혹시
알 저커먼이라는
사람 알아?
미국에 사는?

물리 생각은
그만하고
얘기 좀 들어봐.

밴텀 출판사의 어느 편집자도
뉴욕타임스 기사를 읽었다.

그가 추천한
알 저커먼이라는 에이전트가
내게 연락을 해왔다.

계약서에 벌써 사인을 한 게
아니라면 밴텀 출판사에서
관심을 표하고 있대.

어때? 계약서에
사인했어?

케임브리지대 출판부는 계약금으로
1만 파운드를 제시했다.

물론 더 많은
금액을 바라겠지만,
우리에게는 선례가
없을 정도의
계약금이에요.

기존의 최고액과도 꽤 차이가 나죠.

고마워요.

그래서 이렇게 직접 소식을 전해주러 왔어요.

계약서 말인데. 여기에 둘까요,
주디한테 줄까요?

여기에
두시면
돼요.

나쁘지 않은 제안이었다. 하지만 밴텀은 레이 브래드버리, 어슐러 르 귄, 스타트렉 소설, 그런 종류의 책들을 취급하는 출판사였다.

* 노턴의 《파인만 씨, 농담도 잘하시네!》로
엄청난 수익을 올린 출판사였다.

공항에서 팔려나가는 책들 말이다.

밴텀과 노턴 사이에 입찰 경쟁이 벌어졌다.*

콜록 콜록

밴텀이 케임브리지보다 한참 높은 금액으로 이 전쟁에서 승리했다.

25만 달러.

그들로서도 좋은 판단이었다는 게 나중에 드러났다.

사이먼 씨, 죄송해요. 교수님은 방금 나가셨어요.

아니오, 오늘은 안 돌아오실 거예요.

네, 알아요. 말씀하신 메시지는 전해드렸어요.

네, 물론이죠. 전부 다 전했어요. 죄송해요.

205

하지만 원고를 미리 너무 많이 발전시켜놓은 건 그리 좋은 생각이 아니었다.

편집자인 피트 거자디가 이 책을 아직 부족하다고 느낀 것이다.

중력이 왜 그렇게 매력적인 힘이지? 그게 뭔데?

이해는 안 가지만 술술 읽히고 꽤 그럴듯하게 들려.

"그렇다면 과학의 과제는 그러한 법칙들을 찾아 우주의 초기 상태를 알아내는 것이다.

알 저커먼

"이러한 세계관에 따르면 신은 직접적으로 개입하지 않았지만 물리 법칙과 초기 상태는 신이 선택했을지도 모른다."

그리고 노벨 위원회를 조롱하는 부분도 있어요.

도발적인 책이 잘 팔리죠. 그건 마음에 드네요!

그럼요. 하지만 호킹 교수에게 아직 수정할 게 많다고 전해주세요.

그는 매 장에 점수를 매겼다.

"C+" 라고?

그리고 내가 결론까지 비약하는 경우가 많다고 지적했다. 그러면 독자들은 이해를 못 한다면서 말이다.

콜록 콜록 콜록

편집자가 내 논리의 흐름을 못 따라오겠대.

그래, 무리도 아니지. 우리 중에도 자넬 못 따라가는 사람이 많으니까.

그렇게 다시 지루한 수정 작업이 이어졌다. 이번에는 시간이 꽤 오래 지연됐는데 출판사는 다시 한번 내게 판돈을 건 걸 후회했을지도 모르겠다.

1985년에 나는 연구차 CERN(유럽원자핵공동연구소)의 입자가속기를 시찰하러 동료들과 함께 스위스에 갔다.

레이먼드 라플람 로라 젠트리

위이이잉

이제 제인이 모든 여행에 동행할 필요가 없었다. 동료와 학생들이 제인의 역할을 대신했다.

제인은 친구인 조너선과 함께 휴가를 보내러 떠났다.

우린 나중에 바이로이트 페스티벌에서 만나 〈니벨룽겐의 반지〉를 보기로 했다.

네 아빠답다. 이건 바그너가 자기 음악을 선보이려고 만든 축제야.

바그너의 음악이라는 데서 벌써 감점이지. 엄청나게, 침울하니까.

어쨌든 우리는 음악을 향한 애정만큼은 아직 공유하고 있었다.

그런데 제네바에서 내 건강이 갑자기 나빠졌다.

콜록 콜록 콜록 콜록 콜록

폐렴이었다.

나는 제네바 주립 병원으로 이송됐다. 하지만 제인은 캠핑 중이라 한 박자 늦게 소식을 들었다.

그이가 어떤 기차로 오는지 궁금해서요.

뭐가 어떻게 됐다고요?

네, 당장 갈게요!

어쩜 좋아.

하나님, 맙소사.

너무 걱정하지 마요, 제인. 괜찮을 거예요. 스티브은 항상 잘 털고 일어났잖아요.

응급실

가방만 먼저 호텔로 이동시켜주세요. 감사합니다.

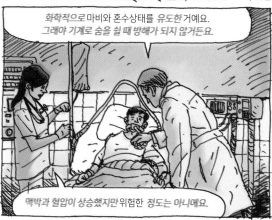

화학적으로 마비와 혼수상태를 유도한 거예요. 그래야 기계로 숨을 쉴 때 방해가 되지 않거든요.

맥박과 혈압이 상승했지만 위험한 정도는 아니에요.

환자분께 말을 걸어주시는 게 좋아요

반응은 못 하겠지만 의학적으로는 이런 상태에서도 다 들을 수 있어요.

잠시 밖에서 말씀 좀 나누실까요?

우린 그만 나가봐야 한대요, 제인.

여기 복도라면 괜찮을 것 같네요.

긴히 의논드릴 사항이 몇 가지 있거든요.

환자분의 여행에 부인은 동행하지 않으셨나요 저런… 상태인데?

네. 그런데요. 왜요?

남편을 마지막으로 보신 지 몇 년이나 되셨죠?

몇 년이요? 무슨 소리예요? 겨우 일주일… 아니, 열흘 지났어요.

그게 다예요. 저이는 과학자예요. 운동 신경 질환을 앓은 지 수십 년이나 됐다고요.

아, 그렇군요. 전 그저… 저런 상태의 환자가 부인의 동의 없이 여행을 했다는 게 믿어지지 않아서요.

제 동의 같은 건 전혀 필요하지…

뭐, 됐어요.

지금 상태가 어떤가요?

폐렴이 위독한 수준이에요. 화학 물질로 혼수상태를 유도해서 겨우 생명만 유지하고 있죠.

생존 가능성이 상당히 낮다고 할 수 있어요.

현재 상태로 봤을 때 환자를 살리려면 기관절개술이 유일한 방법이에요.

하지만 그러려면 후두돌기, 즉 목젖의 아랫부분에 구멍을 뚫어야 하는데, 그렇게 되면….

다시는 말을 할 수가 없어요.

…

209

그게 아니라면. 아무래도…

아니면 뭔데요?

이런 말씀을 드리기 죄송하지만 보통 이런 상황에서는 가족들에게 생명유지 장치를 제거하시길… 권합니다.

저흰 아내 분의 결정에 따르겠습니다.

그럼 앞으로 어떻게 될까?

친구분도 계시니 생각하실 시간을 드리죠

제인

나도 자리를 피해 줄까요?

이제는 24시간 돌봄이 필요해지겠지.

우린 그럴 형편이 안 되는데.

지금보다 더 힘들어질 거야.

난 지쳤어.

스티븐은 살아야 해.

제인?

스티븐은 살아야 해.

스티븐은 살아야 해요.

그러니까 당장 남편의 마취를 풀어주세요.

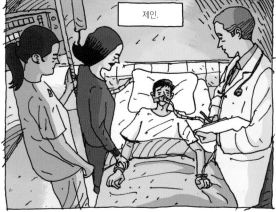

제인.

다시 스스로 숨을 쉴 수 있게 된 나는 환자 수송 헬기를 통해 케임브리지로 이송됐다.

하지만 애든브룩 병원의 집중치료실에 들어가서도 질식 발작을 일으켰다.

정말로 기관절개가 유일한 방법이었다.

숫자 10 에서부터 거꾸로 세어보세요.

십…구…팔…칠…육…오…사

얼마 후, 나는 선명한 꿈을 꾸었다.

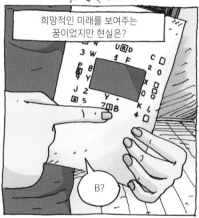

희망적인 미래를 보여주는 꿈이었지만 현실은?

B?

O

O

K

"BOOK, 책."

어떤 책?

옹색하기 그지없었다.

211

내가 신청한 24시간 돌봄 서비스는 비쌌다.
요양 시설에 들어가면 건강 보험으로 지원이 됐었지만….

킵은 맥아더 재단에
도움을 부탁해보라고 했다.
물리학자인 머리 겔만이
그곳의 이사직을 맡고 있었다.

이야기가 잘 풀려서 전담 간호사를 두게 됐다.

일레인
메이슨

이거요?

11월에 퇴원해서 집에 돌아오자,
캘리포니아에서 더 큰 도움의 손길이 뻗어왔다.

월트 볼토츠라는 남자가 자신의 장모님을
위해 음성 합성 프로그램 '이퀄라이저'
를 개발했는데, 내가 곤경에 처했다는 걸
듣고 그 프로그램을 보내온 것이다.

이거요?

난 처음에는
그걸 쓰지
않겠다고 버텼다.

하지만 다시는 말을 할 수 없다는 게 자명했고
연구를 재개하기엔 기력이 너무 쇠해 있었다.

그래서 시험 삼아
써보니 글자가 하나씩
찍혀 단어가 됐다.

자주 쓰는 단어와 문구도 메뉴로 설정할 수 있었다.
물론 내게 한정된 말들이었다.

페이지를 넘겨주세요.

새로운 단어 조합도 금방 익혔다. 가령, '블랙'은 '홀'과
연결되는 경우가 많다는 것. 이것도 내게 한정된 거지만.

212

내가 자주 쓰는 욕설이 저장돼 있다는
헛소문도 돌았다.

페이지를 넘겨주세요.

딸깍

얼마 지나지 않아 1분에 15단어씩 칠 수 있게 됐다.
아직 느린 속도였지만…

생각을 천천히
하는 내게는
잘 맞았다.

딸깍
딸깍
딸깍

간호사 일레인의 남편이
컴퓨터와 음성 합성기를
내 휠체어에 연결해주었다.

다행히도 달렉*
같은 목소리는
아니었다.

* 영국드라마 (닥터 후)의 악당 로봇

하지만 안타깝게도 미국 억양*을 쓸 수밖에 없었다.

안녕하세요.

* '퍼펙트 폴'이라는 목소리였는데, 제조사의 설명에 따르면 '명료하고 논리적'이었다. 다른 옵션으로는
  휴 해리(시끄러움), 닥터 데니스(고요하고 따뜻함), 이프롬 어니(?)가 있었다.

덕분에 작업을 계속해나갈 수 있었다.

저를 먼저 봐주셔서 감사합니다, 교수님. 제가 지금 연구하고 있는 건,

브라이언 휘트

안녕. 내 책을 완성할 수 있게 도와주지 않겠나?

딸깍 딸깍
딸깍 딸깍 딸깍

그렇게 우리는 작업에 착수했다.

그리고 어느 때보다 다급하게 일했다.

편집자가 계속 질문을 퍼부은 것이다.

'휘어진 공간' 장에는 B⁺를 줬네요. 그러면서 빅뱅을 블랙홀의 '이면'이라고 보면 되느냐고 묻는데요?

도대체 무슨 뜻인지 이해가 안 가는군.

지잉

또한 삽화를 더 많이 요구했는데, 그건 괜찮았다.

흥미로운 개념들은 말과 그림으로 대부분 설명이 가능하니까.

오히려 걱정되는 건 비유였다.

정확한 비유를 들어야 사람들이 읽었을 때 그걸 바탕으로 엉뚱한 걸 추론해내지 않거든.

신의 정신까지 거슬러 올라가기(1986~1988년)

일요일 저녁은 그런 비유들을 시험해보기에 좋은 시간이었다.

엄마, 같이 저녁 먹으려고 친구들을 몇 명 데려왔어요.

그래, 알았다.

다들 어서 들어와. 음식도 지금 막 도착했어.

아저씨, 안녕하세요. 아빠, 저 왔어요.

안녕하세요, 호킹 부인.

안녕하세요, 아주머니.

음식 때문에 놀림을 받긴 해도, 다 같이 식사하는 건 즐거웠다.

음. 글루텐을 그냥 맛만 보는 것도 안 돼요? 엄마 요리보단 못하지만….

아주 재밌구나.

때로는 내가 예상치 못한 방향으로 대화가 흘러가기도 했다.

아빠도 추측을 하는 거잖아요. 어떤 우주 모델이 옳은지 모르는 채 연구 방향을 결정해야 하니까요.

그럼 실험을 위해 가설을 선택하는 것도 믿음으로 걸음을 떼는 거네요?

…

지잉

그건…

…비슷한 면이 있는 것 같구나.

지금 설마 인정한 거야? 과학자들도 믿음에 의지한다고?

직관이 어느 정도 관여하긴 하지. 그래. 믿음을 적절한 은유로 볼 수도 있어.

하지만.

그런 걸음을 뗀 후는 믿음과 다르지. 우린 관측을 통해 모델을 증명하니까.

실험에 반대하지.

블랙홀을 직접 실험할 수 있는 날이 언제 올지 모르잖아요. 그럼 남는 건…

흥미로운 은유뿐.

원고를 완성할 때까지 밴텀 출판사와도
비슷한 논쟁을 여러 차례 거쳤다.

수학 공식을
부록으로 넣고
싶어요.

수학에 관해서라면
케임브리지 출판사의
미튼 말이 맞아요.

독자들을
쫓아낼 뿐이에요.
그리고 제가 제안한
제목에 동의해주셨으면
하는데요.

박사가 새로운 목소리를 얻게 됐어요. 어쨌든…
이제 코감기에 걸린 다스 베이더 같은 목소리는 아니에요.

글쎄요. 오히려
다스 베이더가 좋은 마케팅
포인트였을지도 몰라요.

어쨌든 이제 거의 다 끝났어요. 원고를 세이건 박사에게
보낼 생각인데, 괜찮으시죠?

칼 세이건은 미국에서 이미 유명했기에,
출판사는 그에게 책의 서문을 부탁했다.

그는 기꺼이 제안을 받아들였다.
하지만 거기서 끝이 아니었다.

이 사람이
편집까지
하는 거야?

지잉

글쎄요…
세이건의 메모는
그냥 제안일
뿐이겠죠.

세이건이 버트런드 러셀의
거북이 이야기를 소개하며
다른 농담을 하는 게
어떻겠냐고 하네요.

자기 저서에서도
사용했던
농담 같아요.

과학자들의 이름 철자도
꽤 많이 수정해왔어요.

또...
대부분은 타당한
내용이네요.
제가 알아서
처리할게요.

음.

그런데 결론에서 라플라스에 관한
이야기를 다르게 고쳐왔어요.
교수님은 그가 "그런 건 신에게
달려 있다"고 말했다고 하셨잖아요.

세이건은
라플라스가
나폴레옹에게 자신의
가설에 신은 **필요하지**
않다고 말했대요.

그리고 교수님이
양자 효과를 설명한
부분에 세이건은 이렇게
덧붙였어요. "나는
양자의 불확정성이
신보다는 악마의
개입이라고 본다."

"하지만 전자가
개입했다면 아마도
그것은 우리의 힘을
제한하기 위해서일
것이다."

어쩌면 세이건이 옳을지도 모르지.

그의 제안을 받아들일지 한번 생각해볼게.

딸깍 딸깍 딸깍

지잉

고마워.

결국 나는 완벽한 우주 이론을 찾는 탐험에 관해 낙관적인 결론을 내리기로 마음먹었다.

타락타락 타락타락 타락

…통합된 이론을 발견하게 되면 조만간 소수의 과학자뿐만 아니라 모든 사람이 커다란 원칙을 이해할 수 있게 될 것이다.

그렇게 되면 우리는 인류나 우주의 존재 이유를 놓고 모두 허심탄회한 대화를 나눌 수 있을 것이다.

타락타락 타락 타락타락

"우리가 그 해답을 찾는다면 그것은 인간 이성의 궁극적인 승리가 될 것이다."

"그때가 되면…"

"그때가 되면 우리는 신의 정신을 이해하게 될 것이다."

…

이건 정말…

잘 썼네.

하지만 교열 과정에서 마지막 문장은 삭제할 뻔했다.

그렇게 했다면 책의 판매량은 반으로 줄었을지도 모른다.

피트 거자디가 수정한 제목도 책 판매에 한몫을 한 게 틀림없었다.

내가 원래 붙였던 제목은 '빅뱅에서 블랙홀까지: 짧은 시간의 역사'였는데, 그가 순서를 바꾸고 '짧은'을 '간략한'으로 고쳤다.

처음에는 나도 확신이 없었지만 그걸 본 사람들이 웃어주자 마음이 놓였다.

다른 사람들은 그만큼 확신이 없었던 것 같다. 거자디는 책이 출판되기 직전에 밴텀을 떠났고 새로운 편집자는 겁을 먹었다.

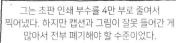

그는 초판 인쇄 부수를 4만 부로 줄여서
찍어냈다. 하지만 캡션과 그림이 잘못 들어간 게
많아서 전부 폐기해야 할 수준이었다.

이런,
세상에.

여보세요, 스티븐?
저 돈 페이지예요.
네, 잘 지내요. 감사해요.
제가 지금 교수님
책을 받았는데요.

네. 네.
그런데…
몇 가지 잘못된 게
보여서요.

아, 벌써
그러셨군요…
정말요?

하지만 출판사에서 리콜하려 했을 때,
이미 다 팔려나가고 없었다.

밴텀 출판사에서는 기존과 다른 마케팅 전략을 펼쳤다.
사이먼 미튼이 내게 경고했듯이 책의
다른 부분을 부각한 것이다.

그들이 고른 내 표지 사진이 그리 마음에 들진 않았다.
하지만 하늘에 글씨를 쓰거나 티셔츠를 제작하는
것보다는 확실히 효과적인 마케팅이었다.

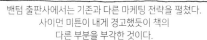

"지체장애인이
대단하지 않나요?"
하는 식으로.

뉴욕

그때부터는 순풍에
돛 단 듯이 모든 일이
잘 풀렸다.

물론 우리 가족의 사생활이 불편해지기는 했다.

"아름다운 루시, 나와 결혼해주지 않을래? 하지만 그전에 내 논문을 아버지께 보여드려줘!"

더 진지한 요청이 담긴 편지들도 많았다. 책이 출간되고 6개월쯤 지나서 고든 프리드먼이라는 사람이 내게 편지를 보내왔다.

이 사람은 영화 제작자래. 예전에 이미 거절했던 제안 아니야?

내 인생 이야기를 영화로 만들고 싶진 않아.

하지만 책에 담긴 과학 이야기를 찍는 거면 고려해볼 수 있지.

또 다른 책을 내보는 건 어때? 이번엔 자서전으로?

그럼 나랑 공동으로 집필해도 되잖아.

딸깍 딸깍

딸깍 딸깍
딸깍

지잉

당신이
정 그러고
싶다면야.

책이 순조롭게
팔리는 동안, 우리는
이스라엘로 향했다.
로저와 내가 거기서
상을 받게 된 것이다.

그리고 나는 진짜 유명세가 무엇인지
처음으로 실감하게 됐다.

통곡의 벽

호킹 교수님의 연구 결과에
따르면 신은 존재합니까?

당신이 설명하는 우주에
신의 자리도 마련돼 있나요?

교수님은 신을
믿으십니까?

아니오.

제가 한 마디 거들죠. 우리가 신을 찾을 수 있는 방법은 여러 가지가 있는데…

과학에 관한 질문들도 신에 관한 질문과 비슷했다. 매번 똑같았다.

블랙홀이 무엇인지 독자들에게 한 마디로 설명해주신다면요?

스티븐?

블랙홀은 어떤 의미에서 보면 우주에서 가장 단순한 천체입니다. 전하와 속도, 질량밖에 없으니까요.

물론 그 질량은 아주 커야 하죠.

때로는 가족과 친구들도 이런 질문에 넌더리를 냈다. 어떤 물리학자나 대답할 수 있고 질문자가 사전에 조금만 조사해도 답을 알 수 있었으니까.

하지만 나는 크게
신경 쓰지 않았다.

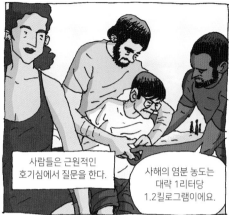

사람들은 근원적인
호기심에서 질문을 한다.

사해의 염분 농도는
대략 1리터당
1.2킬로그램이에요.

엄청나죠.
리터당 무한대인
블랙홀의 밀도에는
비할 게 못되지만요.

하하.

그래도 인간의 육체에 비하면
높은 농도라고 할 수 있죠.

그리고 과학이 답을 제공해줄 수
있다는 걸 깨닫는다.

그건 웬만한 인간 얘기죠!
대체 스티븐한테 뭘 먹이는 거예요?
빼빼 마른 친구가 어찌나 **무거운지**.

전부
뇌 무게일
걸요.

하지만 과학자들은 그런 **답에**
늘 동의하지는 않는다.

'인플레이션 이론 관련 정정'
〈피직스 투데이〉 15, 123.(1989년)

일부 과학자들은 내 책에 문제가 있다고 여겼다. 그들은 내가 이미 확립된 이론과 내 의견을 뒤섞어서 일반인에게 혼동을 주었다고 비판했다.

내가 장애를 표지 사진으로 이용했다는 말도 흘러나왔다.

그리고 내가 적절한 사람에게 공적을 돌리지 않았다는 지적도 있었다. 그중 하나는 안드레이 린데와 그의 인플레이션 이론에 관한 부분이었다.

아니, 잠깐만.

DAVID RITTENHOUSE LABORATORY

이번에 당황한 건 린데가 아니라, 펜실베이니아의 폴 슈타인하르트라는 과학자였다.

나는 러시아에서 돌아오자마자 어느 강연에서 린데의 연구를 언급했었는데, 내 책을 읽은 어떤 이들은 그중 한 구절을 슈타인하르트가 내게서 아이디어를 얻었다는 뜻으로 해석했다.

폴
슈타인하르트

뭐야. "그래서 나는… 그가 내게 논문을 보내왔을 때… 상당히 놀랐다. 린데의 개념과 아주 비슷한 제안이 적혀 있었던 것이다." 이 사람 제정신이야?

뭐라고?

강연장에 왔던 많은 동료가 내가 린데의 연구 이야기는 일절 안 했다고 확인해주었다.

나는 내가 언급했다고 확신했지만 어쨌든 이제야 증명할 방법도 없으니, 그에게 사과했다.

"린데의 개념을 몰랐다는 당신의 주장을 한 번도 의심해본 적 없습니다."

"그 일화는 과학이 행해지는 방법을 예로 들려고 포함시킨 것뿐입니다."

내 인생을 다루는 영화는 거절하겠어요(1989~1990년)

"저의 책이 일부
독자들에게 잘못된
인상을 심어주었다면
사과드리는 바입니다."

흠.
기분은 나쁘지만
어쩔 수 없지.

재판 발행은 순식간에 이루어졌다. 책은 꾸준히
잘 팔려나갔다. 비록 이 책의 인기에 당황한
과학자와 비평가 들이 대부분의 독자는 실제로
읽지도 않았다고 한목소리로 비판했지만 말이다.

일을 무마하는 데 시간이 꽤 걸렸지만 결국 나는 <피직스 투데이>
에 관련 글을 발표했고 책의 재판을 찍을 때는 내용을 수정했다.

그리고 설령 읽었더라도
이해를 못했을 거라면서.

비평가들은 스스로가 아주 똑똑하다고 생각했다.
자기들이 이해를 못했으니 평범한 인간들은
말할 것도 없다는 거였다.

나는 그런
사람들이 너무
거만해보였다.

스티븐 스필버그가 참여한 영화 프로젝트에
동의한 것도 일부는 그런 이유에서였다.

에롤 모리스

스티븐
스필버그

엘스트리 스튜디오
영국 하트퍼드셔

영화로 더 많은 사람에게 다가갈 수 있다고 생각한 것이다. 그들은 영화를 끝까지 봐줄 터였다.
그리고 감독인 에롤 모리스가 과학적인 시선을 잃지 않을 거라는 확신도 있었다.

하지만 모두가 참여를
원한 건 아니었다.

일레인은 카메라 앞에서
인터뷰하는 걸 거부했고
제인도 마찬가지였다.

제인은 책이
출간된 이후로
자신이 해야 할
대답은 이미
충분히 했다고
느끼는 것 같았다.

남편은…

이성적인 인간에게
있어서 아주 중요한
영역을 탐구하고
있어요. 결과에
따라서는 큰 혼란을
부를 수도 있죠.

게다가 전능한
사람도 아니고요.

아, 아니오.
그런 뜻으로 말씀드린
건 아니에요.
육체적인 면은 이미
다 적응이 됐죠.

차에
우유를 타서
드시나요?

네, 그런 것 같네요.
24시간 간호를
받는 건 몸 상태에
굴복한 걸 수도 있어요.
패배를 인정한 거죠.

하지만 제 입장에선
온종일 남편만 돌보던
삶에서 벗어난 거예요.

지금은 그저
당신은 신이 아니라고
그에게 말해주는 걸
제 역할로 여기고
있어요.

딸깍

228

개인적으로는 기대한 것보다 훨씬 만족스러운 영화였다.

지잉

하지만 첫 장면을 보고는 내 목소리에 소름이 끼쳤다.

닭이 먼저일까요, 달걀이 먼저일까요?

그리고 에롤 모리스에게 도입부가 우스꽝스러웠다고 전했다.

'허수 시간'에 대해 언급해놓고 제대로 설명을 못 한 것도 신경이 쓰였다.

레이먼드 라플람

무슨 과학계의 미신이나 마술처럼 소개가 됐네.

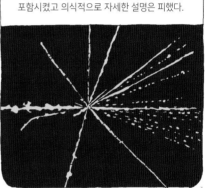

책에서는 허수 시간을 마지막까지 고민하다가 포함시켰고 의식적으로 자세한 설명은 피했다.

영화에서도 그것보다 못할 거면 차라리 빼는 게 낫다고 생각했다.

ROLEX
OYSTER
COSMOGRAPH

사람들이 과학을 봐주길 바라는 거라면 그 과학을 훌륭하게 만드는 게 중요했다.

…아니면 이 모든 과정이 헛수고가 될 뿐이니 말이다.

또한 사람의 집중력은 2분 이상 지속되지 않는다며 중간중간 재미있는 일화를 끼어넣은 것도 괜한 짓이었다는 후회가 밀려왔다.

미국에선 더 높은 시청률이 기대됐다.

1990년에 미국을 방문한 우리는 백조자리 X-1에 걸었던 내기의 승자를 결정했다.

사실 킵은 나만큼 확신하지 못했지만 나는 이미 충분한 증거를 보았기에 블랙홀이 **존재한다고** 결론을 내렸다.

위이이잉

그래서 그가 모스크바에 가 있는 동안, 몰래 연구실에 들어가 패배를 인정했다.

한편 내 책은 여전히 베스트셀러였고 세간의 관심은 수그러들 줄 몰랐다.

물론 그래서 감사한 일도 생겼다.

1989년에 영국 왕실에서 명예 훈작을 받은 것이다.

"헌신적인 업적에 명예로운 상을 수여합니다."

감사합니다, 여왕님.

지잉

저희가, 남편이 여왕님께 드리려고 저서를 챙겨왔습니다. 이 사람만의 방식으로 사인도 했습니다.

여왕님이 내 연구에 대해 정말로 알고 계셨는지는 의문이다.

변호사들의 보고서처럼 박사의 연구 내용을 설명한 책인가요?

변호사?

변호사요?

아니오, 여왕님. 그런 것보다는 훨씬 잘 읽힙니다. 특히 첫 번째 장은…

대화는 곧바로 내 컴퓨터의 미국식 억양으로 넘어갔다. 아마도 목소리가 조금 어색했던 것 같다.

그 일이 있고 머지않아, 제인과 나는 결혼 25주년을 앞두고 갈라섰다.

불필요한 관심을 피하고 싶어서 최대한 조용히 진행했다.

232

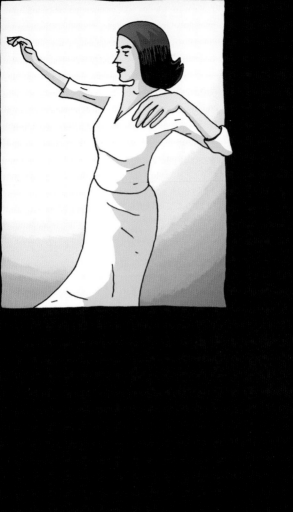

"이제 749명 남았어."(1995~1996년)

조너선 헬리어 존스와 제인은 그동안 각별한 사이가 됐다.

일레인과 나도 마찬가지였다. 우리는 별거 직후부터 살림을 합쳐서 1995년에 결혼식을 올렸다.

같은 해에 《시간의 역사》의 무선제본 판이 출간됐다. 그럴 필요가 있느냐고 묻는 사람들도 있었다.

지금까지 전 세계에서 남녀노소를 가리지 않고 750명당 한 명꼴로 이 책의 양장본을 사봤어요. 게다가,

그러니 이제 749명이 남았어.

시공간 출판
영국 케임브리지시
케임브리지대학교
호킹 교수님 귀하

지잉

그동안 나는 《블랙홀과 아기 우주》라는 에세이집도 출간했다.

그뿐만이 아니었다.

이 수표는 뭐지?

교수님의 에이전트한테서 왔어요. 다음 책의 계약금이래요. 왜 자택이 아니라 여기로 보냈을까요?

내 에세이 말이야?

235

네? 아니오.
다른 책이요.

무슨 책
말이야?

이른바 영화 '타이 인' 도서였다. 들어본 적은
있지만 공식적으로 제작되는지는 몰랐다.

내가 쓰지 않은 책에
내 이름을 붙여서
팔다니 말도
안 되는 짓이지.

다리.

내가 보지도 못한 책을
내 이름으로 내면서 돈만 보내는 일은
용납 못한다고 전해.

내게 상의도 없이 여기까지
진행한 것만도 큰 잘못이야.

하지만 결국엔
독자 지침서 판을
허락하고 말았다.

이건 책에 관한
영화에 관한
책입니다.

밴텀   출판사

이런 일이 얼마나
반복될지는 모르겠지만
이다음은 책에 관한
영화에 관한 책에 관한
영화겠군요.

눈코 뜰 새
없이 바쁜
시기였다.

나는 학생들을 상대로
강연을 다니기 시작했다.

내게 주어지는 질문은 다
거기서 거기였지만, 매번 똑같은 답을
반복하지 않으려고 노력했다.

교수님의
장애가 일을
하시는 데
도움이 됐나요?

지잉

236

글쎄요. 나는 다른 교수들처럼 일어서서 강의하지 않아도 되죠.

내가 유명해진 데는 장애인이라는 사실도 한몫한 게 사실이에요.

불구가 된 천재 이미지에 딱 들어맞으니까요. 하지만 그건 언론의 과대포장이에요.

난 아인슈타인 같은 천재가 아니에요.

내 분야에서도 계속해서 최선을 다했다.

아니, 아니. 아니, 아니.

수 매시 개인 비서

딸깍 딸깍 딸깍 딸깍

그래. 좋아.

딸깍 딸깍

아니, 아니. 아니, 아니.

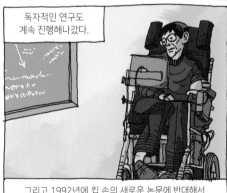

독자적인 연구도 계속 진행해나갔다.

그리고 1992년에 킵 손의 새로운 논문에 반대해서 '연대기 보호 가설'을 제기했다.

'연대기 보호 가설'
〈피지컬 리뷰 D〉 vol. 46: 603–611(1992년)

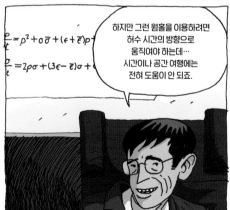

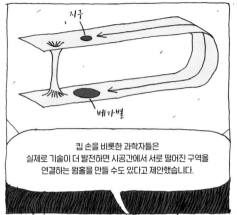

지구

베가별

킵 손을 비롯한 과학자들은
실제로 기술이 더 발전하면 시공간에서 서로 떨어진 구역을
연결하는 웜홀을 만들 수도 있다고 제안했습니다.

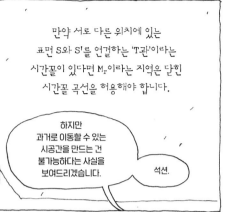

만약 서로 다른 위치에 있는
표면 S와 S'를 연결하는 'T관'이라는
시간꼴이 있다면 M_r이라는 지역은 닫힌
시간꼴 곡선을 허용해야 합니다.

하지만
과거로 이동할 수 있는
시공간을 만드는 건
불가능하다는 사실을
보여드리겠습니다.

석선.

나는 이런 식으로
결론을 내렸다.

마치
'연대기 보호 에이전시'가
있어서 닫힌 시간꼴 곡선이
출연하는 걸 막고
역사학자들로부터
우주를 안전하게
지키는 것만 같습니다.

위이이이이잉

미래에서 관광객들이
우르르 몰려온 일이 없다는 사실도
제가 생각해 낸 강력한
실험 증거입니다.

발표가 끝나고 질의응답으로 시간을 한참 잡아먹었다.
나는 그만 끝내기 위해 시간이 얼마나 지났는지를 청중에게
상기시켜야 했다. 서로 잡담을 하거나 신문을 읽으며…
진정들 하시라면서.

스티븐. 무의미한
측지선은 어떻게
되는지 자세히
설명해 줄래요?

지잉

위이이이이잉

딸깍 딸깍 딸깍 딸깍

코시 지평선의 닫힌 무의미한 측지선에 접근하면 전파 인자는
감마에 가까운 무의미한 측지선으로부터 원래 지점으로
되돌아갈 만한 특이점들을 추가로 획득할 겁니다.

네, 좋아요.
고마워요.

하하하

하하

여기에도
내기를 거실
생각이 있나요?

하하

위이이이이이잉

240

딸깍 딸깍 딸깍 딸깍

위이이이이이이잉

위이이이이이이잉

네.

힉스(1996~2008년)

하지만 킵은 이 내기를 받아들이지 않았다.

자네와 내기하는 건 즐겁지만 그건 이길 가능성이 충분할 때 얘기야.

이번 건은 질 것 같다는 강력한 예감이 들거든.

그래도 나는 다른 내기를 **성사시켰다**. 고든 케인을 상대로 CERN이 대형 전지-양전자 충돌기로 힉스 입자를 못 찾아낸다는 데 100달러를 건 것이다.

사실 나는 힉스 입자가 발견될 리 없다고 예전부터 의구심을 표명했다.

유럽원자핵공동연구소(CERN), 제네바

그걸 발견하지 못하는 게 반드시 나쁘다고 보지도 않았다.

힉스 입자가 발견되지 않는 편이 훨씬 재미있을 거예요. 예측이 잘못됐을 때 다시 생각해보는 과정을 보여줄 수 있으니까요.

석선.

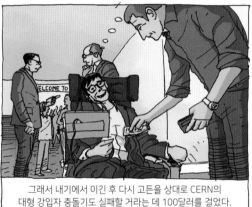

그래서 내기에서 이긴 후 다시 고든을 상대로 CERN의 대형 강입자 충돌기도 실패할 거라는 데 100달러를 걸었다.

피터 힉스는 이 모든 걸 기분 나쁘게 받아들였다.

호킹?

그를 토론에 **참여시키는** 건 힘들어. 남들이 안 하는 방식으로 의견을 발표해 버리니까.

242

그런데도 유명인사라는 지위 때문에 남들과 달리 즉각적인 신뢰를 얻지.

하지만 그저 **단순한** 돌출행동이 아니었다. 나는 '가상 블랙홀'이라는 제목으로 힉스 입자는 없을 거라고 예측하는 논문을 발표했다.

힉스는 내 물리가 형편없다고 여겼다.

호킹이 쓴 논문을 하나 읽었는데, 주로 거기에만 의지해서 계산하는 것 같더군.

솔직히 난 그의 방식이 적절하지 않다고 생각해.

'신의 입자'든 뭐든, 나는 강입자 충돌기가 성공하길 바랐다. 힉스 입자는 못 찾더라도 미시적인 블랙홀을 생성하면…

더불어 호킹 복사도 방출될 테니까.

하지만 호킹 복사에는 내기를 걸지 않았다.
그건 노벨상을 거는 일이나 마찬가지니까.

존 프레스킬

게다가 그런 내기는
승부를 확실히
가릴 수도 없었다.

우주론에 속한 이론들이란
대개 그런 법이다.

그래도 킵과 존 프레스킬은 노출된 특이점이
존재할지도 모른다며 내기를 제안했다.

내기에 진 사람은… 아, 이렇게 하지.
진 사람이 이긴 사람에게 노출을
감춰줄 옷을 선물하는 거야.

좋아.
그거
괜찮군.

그 옷에는 패배를
인정하는 적절한 문구가
들어가 있어야 해.

로저 펜로즈는 이 내기에는 참여하지
않았어도, 특이점에 대해 나와
생각이 일치했다.

그렇지만 우주론의 황금기 이후로
시공간에 관한 몇몇 주장에서
의견이 갈렸다.

그래서 이런 주제를 놓고 공개 토론회를 열었다.

호킹, 펜로즈: 시간과 공간에 관하여

아이작 뉴턴 수리과학 연구소, 케임브리지

244

제 목소리 들리십니까?

로저와 저는 양자 중력에 대한, 따라서 양자론 자체에 대한 접근법이 서로 다릅니다.

입자물리학자들은 저를 위험한 급진주의자로 보지만… 저는 로저에 비하면 확실히 보수적인 사람입니다.

저는 실증주의적인 견해를 취하기 때문에 이론물리학은 그저 수학적 모델일 뿐이고, 그 이론이 현실에 부합하느냐는 질문은 무의미하다고 생각합니다.

지잉

중요한 건 예측이 관측 결과와 일치하느냐는 거죠.

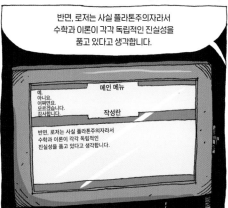

반면, 로저는 사실 플라톤주의자라서 수학과 이론이 각각 독립적인 진실성을 품고 있다고 생각합니다.

메인 메뉴

예.
아니요.
어쩌면요.
모르겠습니다.
감사합니다.

작성란

반면, 로저는 사실 플라톤주의자라서 수학과 이론이 각각 독립적인 진실성을 품고 있다고 생각합니다.

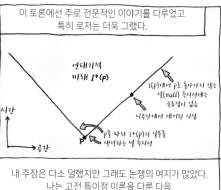

이 토론에선 주로 전문적인 이야기를 다루었고 특히 로저는 더욱 그랬다.

내 주장은 다소 덜했지만 그래도 논쟁의 여지가 많았다. 나는 고전 특이점 이론을 다룬 다음, 양자 블랙홀 문제로 넘어갔다.

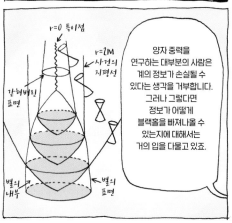

양자 중력을 연구하는 대부분의 사람은 계의 정보가 손실될 수 있다는 생각을 거부합니다. 그러나 그렇다면 정보가 어떻게 블랙홀을 빠져나올 수 있는지에 대해서는 거의 입을 다물고 있죠.

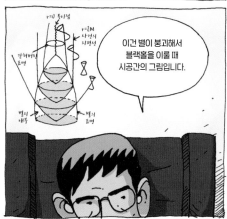

이건 별이 붕괴해서 블랙홀을 이룰 때 시공간의 그림입니다.

245

정부 예산이 삭감돼서 케임브리지대학교는 이차원적인 스크린밖에 구입하지 못했습니다.

그래서 시간을 수직 방향으로 놓고 원근법을 이용해 공간의 세 방향 중 두 방향을 표시했습니다.

딸깍 딸깍

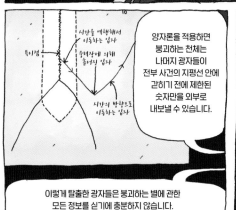

특이점

시간을 역행해서 이동하는 입자

중력장에 의해 풀어진 입자

시간의 방향으로 이동하는 입자

양자론을 적용하면 붕괴하는 천체는 나머지 광자들이 전부 사건의 지평선 안에 갇히기 전에 제한된 숫자만을 외부로 내보낼 수 있습니다.

이렇게 탈출한 광자들은 붕괴하는 별에 관한 모든 정보를 싣기에 충분하지 않습니다.

따라서 외부 관찰자가 붕괴된 천체의 상태를 측정하는 건 불가능합니다.

어차피 정보는 내부에 남아 있을 텐데 그게 무슨 상관이냐는 분들도 계실 겁니다.

위이이이잉

하지만 블랙홀은 복사를 하며 질량을 잃어가고 결국 자신의 정보와 함께 완전히 사라져버립니다.

이런 정보는 완벽하게 손실되어 다시 복구되지 않습니다.

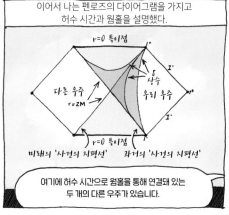

이어서 나는 펜로즈의 다이어그램을 가지고 허수 시간과 웜홀을 설명했다.

r=0 특이점

다른 우주
r=2M

상수

우리 우주

r=0 특이점

미래의 '사건의 지평선'   과거의 '사건의 지평선'

여기에 허수 시간으로 웜홀을 통해 연결돼 있는 두 개의 다른 우주가 있습니다.

246

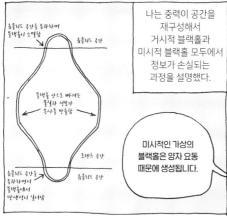

나는 중력이 공간을 재구성해서 거시적 블랙홀과 미시적 블랙홀 모두에서 정보가 손실되는 과정을 설명했다.

미시적인 가상의 블랙홀은 양자 요동 때문에 생성됩니다.

입자와 정보들은 이런 블랙홀 속으로 떨어져 손실되고 맙니다.

따라서 중력은 양자론의 불확정성을 뛰어넘는 새로운 수준의 예측 불가능성을 가져옵니다.

한 쪽만 남은 양말들은 다 거기에 가 있는지도 모르죠.

그리고 나는 우주론으로 넘어갔다.

이런 건 한때 사이비 과학으로 여겨졌습니다. 젊을 때는 유용한 연구를 했는지 몰라도 망령이 들어 신비주의에 빠진 과학자들이나 손대는 거라고요.

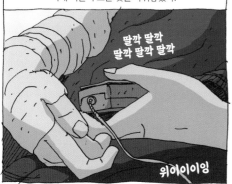

예전에는 그들의 연구를 뒷받침할 관측 자료가 없었지만 이제 기술이 모든 것을 바꿔놓았다.

딸깍 딸깍
딸깍 딸깍 딸깍

위이이이잉

그보다 더 심한 반대의 목소리도 있다. 우주론자들은 우주의 초기 조건을 예측해야 하는데, 그런 초기 조건은 과학이 아니라 형이상학이나 종교에서 다룰 질문이라는 것이다.

지잉

로저와 제가 증명한 정리들은 상황을 더욱 악화시켰습니다.

우리는 고전 상대성이론이 자신은 우주를 예측할 수 없다는 걸 예측하며, 스스로의 몰락을 초래한다는 사실을 증명해냈죠

하지만 제가 짐 하틀과 함께 발전시킨 무경계 제안이 이를 해결했습니다.

이 제안은 다시 말해 "우주의 경계 조건은 경계가 없다는 것이다" 라고도 할 수 있죠.

무경계 제안은 시간의 시작과 끝, 우주의 팽창과 수축 주기가 다르다는 것을 암시한다.

우주는 매끄럽고 질서 있는 상태로 시작하지만 팽창하면서 점점 무질서하고 울퉁불퉁해진다.

그림으로 설명해보죠. 레이먼드, 여기에 4차원 구체를 그려줄래요?

하지만 크기가 작아지면 다시 매끄럽고 질서 있는 상태로 되돌아올 거라는 게 내 생각이었다.

이것은 열역학적 시간의 화살이 수축 단계에서 거꾸로 돌아가야만 한다는 걸 암시했다.

그렇다고 젊어지기 위해 우주가 붕괴되기를 기다리는 건 안 좋은 생각입니다. 시간이 너무 오래 걸릴 테니까요.

깨진 컵은 스스로 붙어서 테이블 위로 튀어 오를 겁니다. 우주가 다시 작아지면 사람들은 나이를 먹는 게 아니라 더 젊어지겠죠.

하지만 우주가 수축할 때 시간의 화살이 역행하게 된다면 블랙홀 안에서도 마찬가지일 겁니다.

저는 우주가 수축할 때 시간의 화살이 역행하게 될 거라는 논문을 썼습니다.

하지만 돈 페이지와 레이먼드 라플람과 논쟁을 한 후에는 우주가 붕괴해도 매끄러운 상태로 돌아가진 않을 거라는 그들의 주장에 설득됐습니다.

하지만 생명을 연장하려고 블랙홀 안으로 뛰어드는 방법은 별로 추천하고 싶지 않습니다.

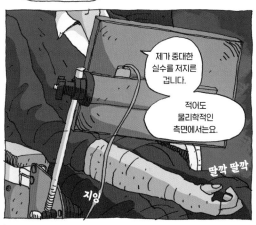

제가 중대한 실수를 저지른 겁니다.

적어도 물리학적인 측면에서는요.

딸깍 딸깍

지잉

그리고 내가 연구를 통해 깨달은 두 가지 놀라운 점을 지적하며 강연을 마쳤다.

첫째, 중력은 시공간을 휘게 하고 따라서 시공간에는 시작과 끝이 있습니다.

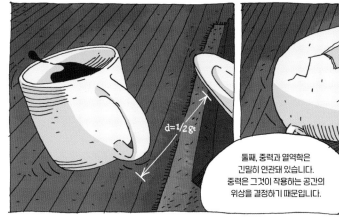

$d = 1/2\, g t$

둘째, 중력과 열역학은 긴밀히 연관돼 있습니다. 중력은 그것이 작용하는 공간의 위상을 결정하기 때문입니다.

양자론적 일반상대성이론은
무경계 제안과 함께
우리가 관측하는 것과 같은
우주를 예측합니다.

우주 검열로 인해
가려진 블랙홀의 특이점을
보지 못할 수는 있지만,
빅뱅은 우리에게 전면을
다 드러내고 있습니다.

하지만 고전 이론으로
상실한 예측성을
양자론으로 회복시킨다
하더라도, 결코 완벽하게
복구할 순 없습니다.

위이이이이잉

우리는 블랙홀과
우주론적인 사건의 지평선 때문에
시공간 전체를 볼 수 없고
정보는 사건의 지평선 너머로
손실됩니다.

따라서 새로운 수준의 예측 불가능성이 추가되지만
우주가 지금과 같은 모습으로 보이는 건 바로
그런 이유에서인지도 모릅니다.

물리학에서 예측 가능성을 제거한 다음에
비록 일부라도 그것을 다시 되돌려 놓는 것은
꽤 성공적이라고 할 수 있습니다.

이상으로
발표를
마치겠습니다.

딸깍 딸깍 딸깍 딸깍

지잉

250

부적절한 패배 인정(1997년)

$$\begin{pmatrix} z^0 \\ z^1 \end{pmatrix} = \frac{i}{\sqrt{2}} \begin{pmatrix} r^0 + r^3 & r^1 + ir^2 \\ r^1 - ir^2 & r^0 - r^3 \end{pmatrix} \begin{pmatrix} z^2 \\ z^3 \end{pmatrix}$$

펜로즈도 물론 시공간에 관한 자신의 견해를 밝혔다.

언제나처럼 스티븐은 조금 위험하긴 해도 훌륭한 점들을 잘 지적해주었네요. 거기에 답을 하려면 트위스터 대응을 설명하기 위해 먼저 2 스피너 개념을 소개해야겠군요.

사람들은 대개 이쯤에서 혼란에 빠졌다.

어떤 이들은 우리의 토론을 아인슈타인과 보어가 벌인 논쟁의 연속으로 묘사했다. 그리고 나에게 닐스 보어 역할을 부여했다.

그렇다면 펜로즈가 '아인슈타인'이라는 건데, 아마도 이론과 그것의 기초가 되는 수학은 객관적 현실이라는 그의 생각에 기반한 선택 같았다.

역할을 반대로 생각하는 사람들도 있겠지만, 어느 쪽이 됐든 과분한 칭찬임에는 분명했다.

이번 토론회를 바탕으로 책을 출간하는 건 《시간의 역사》보다 훨씬 수월했다.

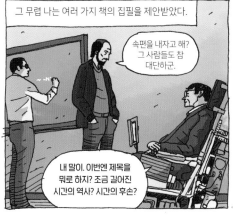

그 무렵 나는 여러 가지 책의 집필을 제안받았다.

속편을 내자고 해? 그 사람들도 참 대단하군.

내 말이. 이번엔 제목을 뭐로 하지? 조금 길어진 시간의 역사? 시간의 후손?

하지만 블랙홀의 **정보 손실**에 대해 모두가 내 의견에 동의한 건 아니었다. 그래서 나는 캘리포니아공대에 방문했을 때 킵과 존 프레스킬과 다시 한번 내기를 했다. 이번에는 킵과 내가 같은 편이었다.

음…. 킵, 스티븐.

마침 바로 전날, 내가 노출된 특이점 내기에 졌다며 공개적으로 패배를
인정했기에, 그들과 새로운 내기를 시작하기에 딱 적당한 날이었다.

절차상
필요한 일이에요.

지잉

게다가
나를 망신
주기도 좋고요.

에헴.

'패배를 인정하는
적절한 문구'가
들어간 옷을
선물하는 게
계약 조건이었죠.

자연은
노출된
특이점을
싫어해요.

하지만
이건 좀 아니지
않나요?

우리 집사람도
질색을 해요.
사람들 앞에서는
입지 말라고
금지당했죠!

그런 이유로 나는 마지못해 양보했고 그들은 마지못해
받아들였으므로 조금 더 엄격한 조건하에 새로운 내기를 했다.

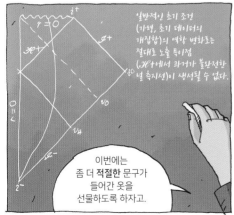

이번에는
좀 더 적절한 문구가
들어간 옷을
선물하도록 하자고.

우리가 이기면
정말로 완패를 인정하는
문구를 넣어줘.

세계의 끝(1997년)

그해에 킵과 나는 남극 대륙으로 떠났다.

무대 ➡

치이이잉

가는 길에 칠레에 들러 강연도 했다.

행사는 매우 요란한 록 음악과 함께 시작됐다. 민간 통치가 시작된 직후여서 무대 뒤편에 새로운 민간 정부와 군 수뇌부의 사람 들이 잔뜩 서 있었다.

긴장감이 팽팽하게 감돌았다.

네   네   네   제 목소리 들리십니까?   네   네   네

하지만 청중은 내 말에 귀 기울여 주었다.

그런 다음 우리는 남극에 있는
킹 조지 섬으로 날아갔다.

나는 세계의 끝에 꼭 한번
가보고 싶었다.

스티븐,
천천히 가.

비행기 안은 TV 카메라와 기자들,
물리학자들로 바글거렸다.

도착하자마자 스노체인을 달았지만
내 휠체어가 말을 듣지 않았다.

하지만 거기엔
스노모빌이 있었다.

지이이이이잉

내 생에 가장 짜릿한
경험 중 하나였다.

지이이이이잉

"어떻게 유한한 우주에 경계가 없을 수 있죠?"라는
질문을 받으면…

그리고 이런 여행은 나의 무경계 제안을
입증하는 데도 도움이 됐다.

이렇게 답해줄
수 있으니까.

저는 여러 차례 여행을
다녔지만 세계의 끝에
가도 굴러떨어지지
않았거든요.

지잉

호두껍질 속의 우주(2001년)

하지만 실제 남극에는 가보지 못했다.

세상엔 물리 법칙(고전 물리학) 때문에 불가능한 일들이 있었다.

아니면 비현실적이라든가. 이를테면, 일레인과 함께 지은 집처럼.

일레인은 2층짜리 집을 고집했다. 나는 위층에 올라갈 수 없는 데도 말이다.

일레인, 어떻게—

나중에 얘기해요, 스티븐.

—지냈어?—

지이이이이이잉

그래도 멋진 집이었다.

257

2001년에는 《호두껍질 속의 우주》라는 책을 출간했다.

개인적인 연구와 대중 강연 그리고 TV 출연을 하면서 짬짬이 쓴 것이었다.

나는 '퀀텀 재지 1400 휠체어'의 광고에도 출연했다.

이걸 타면 저를 따라오는 간호사들도 운동이 된답니다.

지이이이이이잉

이번 책은 《시간의 역사》만큼 많이 팔리지는 않았지만 어차피 베스트셀러가 될 가능성은 적었다.

일례로 이 책엔 방정식이 여덟 배나 많이 들어갔다.

스티븐 호킹

호두껍질 속의 우주

하지만 그렇다고 1쇄만 팔린 것은 아니었다.

그것보다는 꽤 팔린 걸 보면 방정식 하나가 판매 부수를 절반으로 줄인다는 건 거짓이었다.

《시간의 역사》의 개정판도 마찬가지였다. 이번엔 삽화가 더 많이 들어가고 컬러로 인쇄했다.

물리학의 새로운 발견들도 추가되었다. 그중 일부는 상당 부분 추측에 근거한 것으로…

2000년도에 열린 심포지엄에서 킵의 60번째 생일을 맞아 그와 함께 토론한 내용이었다.

나는 시간 여행과 파인만의 '모든 과거의 합'에 관해 이야기했다. 그리고 펜로즈에게 생일 선물로 어떤 계산을 선물했다.

$$10^{60}$$

킵이 웜홀을 이용해 시간을 거슬러 갈 확률은 10의…

60제곱 분의 1입니다. 0이 1조 개 붙고, 붙고, 붙고 또 붙죠.

엄청나게 희박한 확률이지만 지금 킵을 보시면 그의 신체를 둘러싼 테두리가 약간 흐릿한 게 보이실 겁니다.

이건 미래에서 어떤 악당이 와서 그의 할아버지를 살해했기 때문에 킵이 실제로는 존재하지 않을 희박한 확률과 비슷합니다.

킵은 그 답례로 중력파의 발견과 블랙홀의 직접적인 관측에 관한 몇 가지 예측을 내놓았다.

2002년에서 2008년 사이에, 지구에 기반을 둔 중력파 탐지기가 서로 충돌하는 블랙홀들을 찾아낼 것입니다.

또한 그런 충돌이 촉발하는 거친 진동으로 인해 시공이 휘어지는 것도 함께 관측될 것입니다.

나는 여기에 내기를 걸었어야 했다.

그는 또한 나의 연대기 보호 가설과 웜홀에 대한 계산들을 저격했다.

그런 것들은 잠정적이며 극히 불완전한 버전의 양자 중력 법칙에 근거하고 있습니다.

솔직히 오늘날 존재하는 양자 중력 법칙은 어떤 버전이든 극히 불완전하긴 하죠.

하지만 제 예측이 맞다면 2020년까지는 완전히 확고해질 겁니다.

그래도 과거로의 시간 여행은 여전히 불가능할 거예요.

보통 때라면 킵과 나는 1대 10의 60제곱이라는 확률에도 내기를 걸겠지만, 이 경우는 둘이 의견이 일치했다.

그럼 새로운 양자 중력 법칙을 걸고서는?

내기를 걸 수도 있었지만 이번에는 참아야 했다.

나도 이미 그런 예측(만물의 이론)을 한 번 수정한 적이 있으니까.

1980년에 루카시안 석좌 교수로 취임하는 자리에서 나는 물리학의 종말이 눈앞에 닥쳤는지도 모르겠다고 말했던 것이다.

260

만물의 이론?(1980년, 2002년)

그리 멀지 않은 미래에 *이론물리학*은 종착지에 다다를지도 모르겠습니다.

우리는 이번 세기에 *모든* 물리적 상호작용에 관해 완전하고 일관되며 *통합된* 이론을 갖게 *될 것으로 보입니다.*

모든 가능한 관측에 대해 *설명해 줄* 이론 말입니다.

그 강연에서 나는 물론 더 많은 주제를 다뤘고 그중 대부분은 취임 행사의 흥분 속에 잊혔다.

나는 심지어 역대 석좌 교수인 뉴턴과 폴 디락의 이름 옆에 내 이름을 서명하는 것조차 깜빡했다.

그래요. 지난 세기 안에 완전하고 통합된 이론을 찾을지도 모른다고 얘기했었죠.

딸깍 딸깍

맞아요, 내가 틀렸어요.

네?

지난 세기가 끝날 때까지는 그 문제가 해결될 거라고 내가 너무 낙관했어요.

난 아직도 우리가 20년 안에 통합된 이론을 발견할 확률이 50대 50이라고 봐요.

하지만 그 20년은 지금부터가 시작이에요.

지금은 그게 이론물리학의 종말이라고는 생각하지 않아요. 우리가 완전한 이론을 갖게 될 거라고도 생각하지 않고요.

2002년에 '괴델과 우주의 종말'이라는 강연에서 나는 어떤 이들은 궁극적인 이론이 없다는 데 실망할 거라고 말했다. '만물의 이론' 말이다.

한때는, 나도 그런 사람이었다.

하지만 이제 생각이 변했어요.

팔.

이제 나는 지식을 향한 탐구가 결코 끝나지 않을 것이며 인류는 언제까지나 새로운 발견에 도전하게 될 거라는 사실이 기뻐요.

그런 도전이 없다면 정체되고 말 테니까요.

'호두껍질 속에서의 60년'(2002년)

이해에는 몇 개월 전에 있었던 나의 환갑 기념 강연을 비롯해 모든 행사가 취소될 뻔했다.

어떻게 된 거야?!

크리스마스 직후에 엉덩이뼈가 부러졌어.

…

반가워요, 일레인.

스티븐, 괜찮은 거예요?

애든브룩 병원에서 나를 다시 완벽하게 짜 맞췄어요.

나는 불필요한 억측을 사전에 차단하면서
'호두껍질 속에서의 60년' 강연을 시작했다.

제 목소리
들리세요?

보시다시피
저는 거의 59.97년을
호두껍질 속에서
살았습니다.

지난 크리스마스
며칠 후에 제가
벽과 작은 다툼을
벌였는데요….

위이이이이이잉

결국
벽이
이겼습니다.

하하하

하하

하하

하하

하하

하하

그날의 강연들은 거의 다 전문적이었지만
나는 그동안 내가 발견한 것들을
대강 훑는 식으로 진행했다.

그리고 우주의 기원에 관한
나의 비전으로 말을 맺었다.

양자 요동은 무無의 상태에서 즉흥적으로
작은 우주들을 만들어냅니다.

그런 우주들은 대부분 붕괴되어 다시 무로 돌아가죠.
하지만 임계 크기를 넘어선 소수는 인플레이션과
같은 방식으로 팽창할 겁니다.

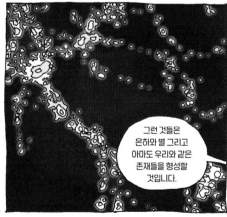

그런 것들은
은하와 별 그리고
아마도 우리와 같은
존재들을 형성할
것입니다.

저는 이렇게 살아서 이론물리학을 연구하는 영광스러운 시간을 보냈습니다.

지난 40년간 우리가 그리는 우주의 그림은 크게 변화했고

제가 작은 부분이라도 기여했다면 더할 나위 없이 기쁠 겁니다.

이 환희와 짜릿함을 많은 이와 나누고 싶군.

과학자다운 생일 파티 외에도, 내 아내와 리처드 브랜슨은 그해 후반에 내게 열기구를 타볼 기회를 선물해주었다.

그 후로도 나는 더 많은 대중 강연과 TV 출연을 했다.

글을 쓰지 못하는데 어떻게 공식 서명을 하실 수 있죠?

미국의 장애인복지법에 관해 어떻게 생각하세요?

자서전을 쓰실 계획은 없나요?

저는 사생활을 자세히 밝히고 싶지는 않아요.

스타트렉의 클링온 종족을 만나보니까 어떠셨어요?

딸깍 딸깍

글쎄, 나는 10년 전에 딱 한 번 만나봤어. 데이타, 아인슈타인, 뉴턴이랑 포커 게임을 하던 중이었지.

하하

하지만 내가 이기고 나서 판돈을 챙기기도 전에 적색경보가 울려버렸어.

자서전을 쓰는 건 내키지 않았지만 다른 책들은 더 많이 집필했다.

기존 도서의 개정판을 내기도 하고 공동 집필도 한 건 했다.

이번 개정판은 사진이 더 많이 들어가고 전부 컬러였다.

스티븐 호킹
with Leonard Mlodinow

짧고 쉽게 쓴 시간의 역사

초판본보다 글씨도 커지고 줄 간격도 조금 더 늘어났다.

강연장

그래서 좀
덜 뻑뻑해졌다.

이 책이 출간된 해에 나는 존 프레스킬과 했던
내기와 관련된 과학 논문도 한 편 발표했다.

바로 전해에 더블린에서 열린 GR17* 회의에서
나의 패배를 인정했던 것이다.

* 제17회 일반상대성이론과 중력에 관한 국제회의

네, 정말 마지막 순간에 추가된 거예요.
'블랙홀의 정보 역설 문제를 풀었으니 그걸
발표하고 싶다'는 쪽지를 받았거든요.

커트 커틀러
GR17
위원장

저는 아직 논문도 못 봤어요. 솔직히
그분의 명성만 믿고 받아들인 거죠.

$\Psi[h_{ij}, \phi, \tau],$

$Z(\beta) = \int Dg D\phi \, e^{-I[g,\phi]} = Tr(e^{-\beta H}).$

$Z(E_0) = \int_{-i\infty}^{+i\infty} d\beta Z(\beta) e^{\beta E_0}.$

나는 다른 사람들이
여태까지 정보 역설을
해결하려고 풀었던
계산들을 나열했다.
하지만 그들의 풀이가
만족스럽지 않아서
내가 직접 계산에 나섰다.

하지만 결과는
똑같이 나왔다.

특이점들

제가 한때 생각했던 것 같은,
블랙홀 안으로 뻗어 들어가는
아기 우주는 없습니다. 블랙홀 안으로
들어간 정보는 우리 우주에
확고하게 남아 있습니다.

블랙홀로 뛰어들면 여러분의 질량 에너지는 우리 우주로 돌아올 겁니다.

킵과 공상 과학 팬들을 실망시켜서 안타깝지만, 정보가 보존되기 때문에 블랙홀을 이용해 다른 우주로 여행하는 건 불가능합니다.

여러분이 어떤 사람인지에 대한 정보가 담긴 찌그러진 형태로 말이죠.

하지만 우리가 식별할 수 없는 상태일 겁니다.

따라서 비록 유용한 방식으로 되돌아오진 않아도, 정보가 손실되는 건 아닙니다.

다리.

나는 프레스킬에게 졌다는 걸 인정하고 그에게 야구 백과사전을 선물했다.

원래는 크리켓 백과사전을 제안했지만 존은 뼛속까지 미국인이어서 야구로 바꿔야 했다.

물론 기쁘죠. 집까지 들고 갈 게 걱정되긴 하지만요. 책이 아니라 CD-ROM 으로 달라고 할 걸 그랬어요.

하지만 책이 더 적절하긴 하죠. 블랙홀처럼 무거우니까요. 게다가 정보를 획득하는 데 시간이 오래 걸린다는 점도 블랙홀과 같고요.

네, 당연히 인정하죠. 하지만 스티븐이 패배를 인정한 이유에 대해서는 확실치 않아서 빨리 그의 논문을 읽어보고 싶네요.

나도 마찬가지예요.

킵은 패배를 인정하지 **않았다.** 나중에 인정하게 되면 내게 돈을 갚아야 할 것이다.

나는 이후에 발표한 논문에서 블랙홀에 남는 정보의 상태를 설명하며 결론을 맺었다.

백과사전을 태우는 것과 같아. 정보가 손실되진 않지만 읽기 힘든 상태가 되지.

크리스토프 갈파르

존 프레스킬에게 야구 백과사전을 줬는데, 차라리 그걸 태운 재를 줄 걸 그랬나 봐.

석션.

아마도 그건 진정한 패배 인정은 아니었다.

하지만 블랙홀 안에서 정보가 파괴된다는 생각은 내 일생일대의 실수였다.

아니, 과학 분야에서의 최대 실수겠지.

'블랙홀에서의 정보 손실'
에 관한 논문은 다른 어떤
논문보다 시간이
오래 걸렸다.

다른 논문들보다 어려워서라든지, 내가 틀렸다는 걸
인정하기 싫어서가 아니었다. 내 손 상태가 문제였다.

클리커를 누르는 일조차
버거워진 것이다.

그래서 이제 워드+
'적외선/사운드/터치'
스위치로 말을 하기 시작했다.

그걸 안경에 부착한 다음
뺨 근육을 움직이거나

눈을 깜빡여서 작동시켰다.

어때요,
편안한가요?

네. 좋아요.
고마워요.

내 대답은
한층 느려졌다.

270

"가끔 스티븐 호킹으로 착각하는 분들이 계세요."(2005~2006년)

하지만 효과는 있어서 다시 일상생활을 영위할 수 있게 됐다.

이듬해에 이스라엘을 다시 찾았다. 이번엔 사해는 못 가봤지만 팔레스타인에서 강연을 할 수 있었다. 그게 나의 방문 조건이었다.

처음 그 지역을 방문한 건 《시간의 역사》가 처음 출간됐을 때였다. 하지만 이젠 익명으로 돌아다닐 수가 없었다.

선글라스를 끼고 수염을 붙여도 소용이 없어요.

휠체어 때문에 바로 들통이 나니까요.

휠체어는 어딜 가도 눈에 띄었다.

이젠 말할 때 적외선 스위치를 사용해서 우리 집 현관문 같은 곳에도 연결해 내가 직접 여닫을 수 있었다.

마침 잘된 일이었다. 나는 그해에 일레인과 이혼을 했다.

"방해가 될 뿐이에요."(2006년)

놀랍게도 언론은 이런 일에도 관심을 보였다. 심지어 내 아이들까지 찾아가서 인터뷰를 했다.

그런 건 제가 신경 쓸 일이 아니에요. 제가 이혼하는 것도 아니니까요.

비서인 주디스가 내 대신 언론을 상대해주었다.

주디스 크로스델

할 말 없습니다.

교수님은 지금 **너무** 바쁘세요. 이런 건 정말 성가시고 방해가 될 뿐이에요. 우린 **이러고** 있을 시간이 **전혀** 없다고요.

게다가 그런 가십 같은 데는 **아무런** 관심도 없어요.

나는 몹시 바빴다.

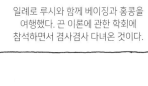

일례로 루시와 함께 베이징과 홍콩을 여행했다. 끈 이론에 관한 학회에 참석하면서 겸사겸사 다녀온 것이다.

물밀 듯이 몰려든 군중 때문에 호텔까지 못 들어갈 뻔했다.

273

시민들의 반응은 뜨거웠다.

저는 중국 문화와
중국 음식을 좋아해요.

지잉

그중에서도
제일은 중국
여인들이죠.
정말 아름다워요.

我喜欢中国文化、
中国食物，但最热爱的
是中国女性。
她们非常美。

하지만 대기 오염은 심각했다. 나는 그 질문에 대한
답으로 지구 온난화의 위협에 대해 토로했다.

지구는 금성처럼
섭씨 250도에 황산 비가 내리는
행성이 될지도 모릅니다.

개인적인 질문들도
다수 있었다.

你认为自己是个什么样的人?

'박사님은 본인을 어떻게
설명하시겠습니까'라고
묻네요.

긍정적이고
로맨틱하고
고집이 세죠.

귀국하는 순간까지도
우리를 향한 관심은 끊이지 않았다.

오,
맙소사.
또?

어딜 가시든
늘 이래요?

274

응. 가끔 날
스티븐 호킹으로
착각하거든.

우린 이 말을
공식 멘트처럼
사용했다.

베이징
여행은
어떠셨습니까?

여행은
즐거우셨나요?

이혼에 관해
한 말씀
해주시겠어요?

중국에서 아주
즐겁게 지냈어요.
그런데 대기 오염
수준이 너무
심각하네요.

그리고 우리는
함께 책을 쓰기로
결정했어요.

책이요?
《시간의 역사》의
속편 격인가요?

그리고
'우리'라니
누구요?

다른 책의 속편이 아니에요.
어린이 독자들을 위한 책이에요.

석션.

동료 과학자와
협업하는 건 아니에요.
딸과 함께 집필할 거예요.

제 아들 윌리엄의
일곱 살 생일 때 번쩍
떠오른 생각이었죠.

할아버지!

스티븐
할아버지.

할아버지,
제가 블랙홀 속으로
떨어지면 어떻게 될까요?
어떤 느낌일까요?

딸깍
딸깍 딸깍 딸깍
딸깍 딸깍 딸깍

지잉

글쎄, 너 스파게티
좋아하니?

내가 윌리엄의 친구에게 대답한 내용에서 아이디어를
얻은 루시는 바로 초고 작성에 들어갔다.

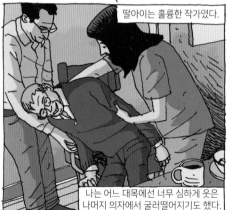

딸아이는 훌륭한 작가였다.

나는 어느 대목에선 너무 심하게 웃은
나머지 의자에서 굴러떨어지기도 했다.

순간, 아버지가
넘어왔다 싶었죠.
그때부터는 굉장히 즐겁게
작업에 임하셨어요.

《조지의 우주를 여는 비밀 열쇠》를 집필할 때 내 역할은 책의 정보가 정확하고 교육적인지 확인하는 과학 자문이었다.

그리고 브랜든 카터와 마틴 리스, 킵 손 등의 동료들에게 다음 책을 위해 짧은 서평을 써달라고 부탁했다. 이웃집 과학자 캐릭터인 '에릭'의 대사도 내가 직접 썼다.

이 시리즈의 세 번째 책인 《조지와 빅뱅》에서는 비밀 집단이 초기 우주의 비밀이 밝혀지는 걸 막으려고 대형 강입자 충돌기를 파괴하려 한다.

조지와 빅뱅
GEORGE AND THE BIG BANG
루시 & 스티븐 호킹

…그래, 출판사에서 제안한 책표지가 좀 화려하긴 하지.

내가 직접 생각해낸 계획이었다.

아빠 속으로 이랬을 거야. "이런 젠장. 내가 무슨 얘길 쓰고 있는 거지."

아, 맞다! 죄송해요.

루시! 애들이 있잖니! 애들 앞에선 말을 조심해야지.

사실이야.

내가 느낀 환희와 짜릿함을 많은 이와 나누고 싶어.

지잉

그건 굳이 비교하자면,

기존에 아무도 몰랐던 무언가를 발견하는 '유레카의 순간'은 무엇과도 비교할 수 없거든.

그래, 스티븐. 우리도 알아. 하지만 아까도 말했듯이…

애들 앞이잖아.

내가 지어낸《조지와 빅뱅》의 이야기가 현실에서 일어날 가능성은 없었다. 새로운 발견을 막으려고 강입자 충돌기를 파괴할 과학자는 없으니까. 하지만 내 입장은 1996년과 변함이 없었다.

저는 이른바 신의 입자가 발견되지 않는 편이 더 재미있을 것 같습니다.

죄송하지만 발견되지 않는 편이 재미있다고 하셨나요?

네, 그렇게 된다면 예측이란 틀릴 수 있고 그럴 땐 다시 생각해야 한다는 걸 보여줄 수 있으니까요.

그래서 고든 케인과 내기를 한 겁니다. 힉스 입자가 발견되지 않는다는 데 100달러를 걸었죠.

석션.

나 자신을 위해서는 미니 블랙홀이 생성되거나 호킹 복사가 관찰되길 바랐다.

그런데 강입자 충돌기로 이런 작은 블랙홀들이 생성되면 그것들이 지구를 삼켜버릴지도 모른다며 언론이 허풍을 떨기 시작했다.

나는 로저와 마틴 그리고 다른 동료들과 함께 그럴 위험은 없다고 사람들을 안심시키는 성명을 발표했다.

강입자 충돌기를 켜는 순간, 세상이 멸망하는 일은 절대 없어요.

지구의 대기에서는 충돌로 인해 그보다 큰 에너지 방출이 하루에도 수백만 번씩 발생하지만 끔찍한 일은 한 번도 일어나지 않았죠.

그러니 절대적으로 안전합니다.

지금 이 글을 읽고 있다면 저와 동료들이 옳았다는 걸 아시겠죠.

이렇게 나는 아직 무사하다. 어쨌든 나는 미니 블랙홀이 순식간에… 나노초 안에 증발할 거라고 예측했었다.

호킹 복사로 인한 섬광과 함께.

만물의 위대한 법칙에 의해 아주 작은 폭발이 일어난 것이다.

내 연구는 그보다 더 큰 폭발로 인한 우리 우주의 기원에 계속해서 맞춰져 있다.

무경계 제안이 옳다면 시공의 탄생을 포함해 모든 곳에 통용되는 특이점이나 물리 법칙은 없는 셈이다.

우리 우주가 원래 그렇게 생겨 먹었어요.

다른 이론들도 많죠. 다중 우주와 같이 진화론적인 이론을 비롯해서요.

하지만 제가 찾고 싶은 건 하나의 우주에 관한…

단 하나의 설명이에요.

그래서 운동 신경 질환이라는 진단을 받고 우주론을 선택했죠.

당시에는 발전이 덜 돼서 경쟁이 심하지 않은 분야이기도 했고요.

그럼 몸이 아파도 큰 문제가 안 될 테니까요.

헬렌 미아렛

잠시만요. 하지만 아까는, 여기 보면 병환을 알기 전에 우주론을 선택하셨다고 하셨는데요.

어떤 게 맞는 거죠?

이 분야에는 흥미로운 발견 거리가 넘쳐났어요. 하지만 그런 걸 해낼 인물은 적었죠.

지금은 경쟁이 훨씬 심해졌지만요.

다리.

죄송하지만 어느 쪽이 먼저였나요?

이제는 과학 법칙이 어디에나 적용된다는 걸 대부분의 사람이 인정하죠.

우주의 시초만 제외하고요.

태초에 어떤 법칙이 적용됐는지 알지 못하는 한, 빅뱅에서 태어난 우주가 어떤 곳인지 알 수 없어요.

나는 아직도 만물이 어떻게 돌아가는지 알아서 그걸 컨트롤하고 싶은 충동을 느껴요.

그래서 더욱 짐 하틀과 함께 만든 무경계 제안을 자랑스럽게 생각하죠.

그걸로 우주의 모든 역사를 설명할 수 있거든요. 심지어 빅뱅까지도요.

그리고 우주가 어떻게 작동하는지 알면 그걸 컨트롤할 수 있죠.

어떤 면에서는요.

지잉

잠깐... 뭐라고?

그래서 난 우주가 불가사의하다는 견해에 동의하지 않아요.

좋아요. 그럼 분위기를 바꿔서 사람들이 당신의 연구에 대해 제일 자주 하는 오해는 뭔가요?

내가 심슨의 캐릭터인 줄 아는 거요.

유명인사가 되는 건 감사한 일이지만 그것도 영원하진 않죠.

내 진정한 명성은 과학 분야에 남을 거예요.

영국왕립학회에서 최근에 가장 오래된 상인 코플리 메달을 내게 수여했어요. 이론물리학과 이론우주론에 훌륭하게 기여했다면서요.

영광스러운 일이죠. 나의 친구이자 왕립학회의 회장인 마틴 리스가 직접 메달을 건네줬어요.

NASA에서 특별 선물로 STS-121 우주 미션 때 이 메달을 우주에 가져갔다 왔다네.

그리고 리처드 브랜슨은 나를 자기 우주선에 태워주겠다고 약속했죠.

그러려면 훈련을 좀 받아야 해서요. 이만 실례할게요.

정신들 차려. 거기 타우 계산식에 오류가 있어.

이륙할 때 2G 구간이 있을 거예요. 무슨 말인지 아시죠?

...

감빡

V_{rel}이 0.000001c 밖에 안 되니까, 상대론적 효과가 사라지겠군.

분명히… 어떻게 될지 잘 알고 계실 거예요.

유명세는 영원하진 않더라도,
가끔 도움이 됐다.

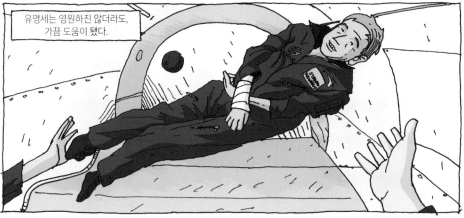

또요?

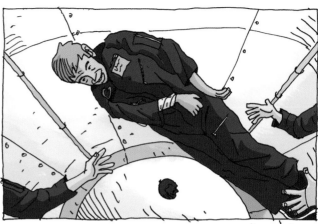

과학 연구(2009~2018년)

그럼 케임브리지 대학에선 은퇴하시는 겁니까?

전 은퇴하는 게 아니에요.

이렇게 살아서 이론물리학을 연구하는 건 영광이죠.

대학의 방침에 따라 루카시안 석좌교수 자리에선 물러나지만 연구소장이라는 새로운 직책을 맡게 됐어요.

지난 40년간 우리가 그리는 우주의 그림은 크게 변화했어요. 거기에 제가 작은 부분이라도 기여했다면 기쁠 것입니다.

내가 느낀 환희와 짜릿함을 많은 이와 나누고 싶어.

기존엔 아무도 몰랐던 무언가를 발견하는 '유레카의 순간'은 무엇과도 비교할 수 없어.

굳이 비교하자면 섹스에 가깝지만, 이쪽이 훨씬 오래가죠.

나는 앞으로도
과학을 연구하며
사람들에게 과학을 알리는 데
노력을 아끼지 않을 거예요.

이제 루카시안 석좌 교수는
아니지만 아직
곤빌 앤드 카이우스 칼리지의
연구원이에요.

이곳의 시설을 이용해
간단한 실험을 해볼 수
있다는 뜻이죠.

웜홀을 통한 시간 여행이
지금이 아니면 미래에라도
가능한지 밝혀내고자
하는 실험이에요.

시간 여행자분들을
환영합니다.

저는 간단한
실험을 좋아하죠.
샴페인도
즐기고요.

시간 여행자분들을
환영합니다.

그래서 파티를 열었어요.
미래에서 온 시간 여행자들을
환영하는 행사죠.

하지만 실제로 개최되기 전까진 아무에게도 말하지 않았어요.

환영합니다.

킵 손에게도요.

이 초대장이 어떤 형태로든 수천 년 후까지 살아남는다면 누군가 이걸 들고 파티에 참석하러 올 거예요.

대신 초대장에 정확한 시공의 좌표를 넣었어요.

시간 여행자를 위한 파티에 귀하를 초대합니다.

주최
스티븐 호킹 교수

케임브리지주
트리니티가
케임브리지대학교
곤빌 앤드 카이우스 칼리지

위치: 52° 12' 21" N, 0° 7' 4.7"
시간: 12:00 UT 06/28/200

참석 예약은 안 하셔도 됩니다.

그럼 시간 여행이 가능하다는 게 증명되죠.

다섯…
넷…
셋…
둘…

하나…

289

미래의 미스 유니버스가 참석해주길 바라고 있었는데.

그녀가 안 왔다고 얘기해도 킵은 놀라지 않을 거예요.

그럼, 당연하지.

맞아요, 스티븐은 종종 예언자처럼 구는 경향이 있죠.

그가 어떤 발표를 하면 우리도 그냥 추측인지 확실한 증거가 있는 건지 헷갈릴 때가 있어요.

어떤 때는 아무 말도 안 해요. 하지만 미소가 새어 나오는 걸 보면 알죠.

온갖 힘든 일들을 겪고도 여전히 장난기와 유머 감각을 갖고 있거든요.

그런 자질들은 그를 떠난 적이 없어요.

만물의 법칙

동료분들과는 모두 이야기를 나눴으니 이제 호킹 박사님께 여쭙겠습니다.

만물의 법칙이 이번 세기 안에 발견될 거라고 이야기한 적 있으시죠?

지잉

아직도 그게 현실적으로 가능하다고 생각하시나요?

네, 1980년이었죠. 그 세기 말까지는 만물의 법칙이 발견될 거라고 했어요.

난 아직도 그렇게 예상하고 있어요. 하지만 이번 세기는 아주 많이 남았죠.

좋습니다. 만물의 법칙이 발견된 이후의 물리학은 에베레스트 등정과 같은 거라고 하셨는데요.

그건 무슨 의미인가요?

저는 뻔한 이야기라고 생각했는데요.

다리.

우주를 총괄하는 완전한 이론을 찾는다는 건 인간 지성의 위대한 승리죠.

하지만 그렇게 되면 남은 일이 거의 없잖아요.

석션.

루시, 아버지와 공동으로 작업한 책을 발간하셨는데요. 그건 당신에게 어떤 의미인가요?

지난 몇 년간 아버지와 함께 일하면서 부녀관계가 많이 좋아졌어요.

아주 재미있는 시간이었죠.

아버지가 얼마나 명석한 분인지 깨닫게 됐어요. 마치 **백과사전**처럼 거대한 양의 정보를 저장하고 있는 데다 처리 속도도 엄청나게 빠르거든요.

예전부터 항상 그런 분이셨는데, 제가 미처⋯

하지만 나이가 들면서 조금 부드러워지신 것도 있어요.

자기만의 블랙홀에서 빠져나와야 했을 거예요.

이제 그 블랙홀에서 완벽하게 **빠져나오셨죠.**

하지만 변하지 않은 면이 있다면 바쁜 일정을 조금도 늦추지 않는다는 거예요.

전혀요.

얼마 전에 칠레와 이스터섬에서 돌아오셨는데, 바로 다시 미국으로 떠나시거든요.

내가 느낀 환희와 짜릿함을 많은 이와 나누고 싶거든.

지난 40년간 우리가 그리는 우주의 그림은 크게 변화했고 거기에 작은 부분이라도 기여했다면 기쁜 일이지.

내 목표는 언제나 단순했어요. 우주가 어떻게 작동하는지 알아내는 거죠. 우주의 존재 이유도요. 다행히도 그걸 알 수 있는 단서는 도처에 있어요.

그중에서도 제일 중요한 단서는 바로 우리 머리 위에 있죠.

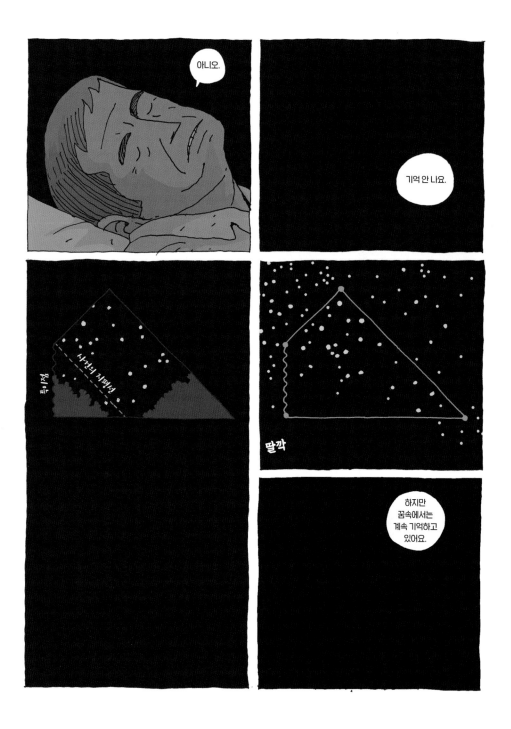

작가의 말

만화는 글과 그림을 통합하여 그 두 가지가 독자의 마음속에서 매끄럽게 이어지게 하므로(우리 희망사항이죠!) 논픽션을 서술하기에 특히 적합한 매체입니다. 이 책은 실화를 바탕으로 했지만 말풍선이나 생각풍선에 쓰인 모든 글이 직접적인 인용문은 아닙니다. 하지만 여기에 기술된 대부분은 실제로 벌어진 일이고 사람들의 행동이나 말 그리고 글도 그대로 옮긴 경우가 그렇지 않은 경우보다 훨씬 많습니다(혹시 숫자를 좋아하신다면 릴랜드가 400개 이상의 각주를 처리하느라 고생한 주석을 살펴보시면 좋을 겁니다. 각주의 출처는 '참고자료'를 살펴보십시오). 호킹은 살면서 수많은 이에게 영향을 주었기 때문에 우리는 특정한 사건들을 압축하고 캐릭터들을 결합하며 만족스러운 이야기를 구성하기 위해 그들이 했음직한 말들을 상상해야 했습니다.

호킹의 이야기는 이 책에서 끝나지 않았습니다. 2012년 7월 4일에 호킹이 우리의 친구 로이스 케인을 통해 이 책의 집필을 승인한 이후로 몇 가지 변화가 있었습니다. 그는 자서전을 썼고(《나, 스티븐 호킹의 역사》, 266쪽 참고), 자신의 삶을 영화로 만드는 걸 허락했습니다(〈사랑에 대한 모든 것〉, 222쪽 참고). LIGO 실험으로 중력파가 탐지되어 킵 손과 그의 동료들은 노벨상을 받았습니다(259쪽 참고). 그리고 릴랜드와 나의 다음 작품이 이 책으로 정해졌던 그해 7월에 고든 케인은 힉스 내기에서 이겨 100달러를 땄습니다(자세한 계약 내용은 242쪽 참고).

호킹은 이제 세상을 떠났기 때문에, 그가 책을 통해 현재 시점에서 들려주는 말들 역시 오늘날의 현실을 그대로 반영하진 않습니다. 하지만 그는 우리의 마음속에 여전히 살아 있으며 여러분의 마음속에서도 그러하기를 바랍니다.

추천의 글

갈릴레오 갈릴레이가 죽은 지 300년 째 되던 날 태어난 아이. 그렇게 태어난 아이는 족히 20만은 넘었을 것이다. 하지만 그중에 몇 명이나 자연의 경이로움과 우주의 아름다움에 매료되어 그의 뒤를 따라갔을까? 우주 탄생과 인류 진화의 실마리를 풀기 위해 평생을 줄기차게 달려간 한 사람, 바로 스티븐 호킹 박사이다. 대중에게는 '휠체어를 탄 천재 물리학자'로 각인되어 있을 것이다. 하지만 육체적 자유로움을 옭아맨 '루게릭병'도 우주 탐구에 대한 그의 열정과 의지를 꺾을 수는 없었다. 우주의 신비에 대한 명쾌한 해답과 심오한 질문을 남기고 그는 2018년 아인슈타인의 생일인 3월 14일에 하늘로 올라가 별이 되었다.

《호킹》은 20세기 아인슈타인 이래 최고의 이론물리학자로 칭송받는 스티븐 호킹 박사의 일생을 그린 전기이다. 특히 학문에 대한 열정과 우주의 기원 탐구에 대한 불굴의 의지가 담긴 일생을 친숙한 그림체의 만화를 통해 전달한다. 호킹 박사가 평생 동안 스스로 질문하고 대답하고자 노력했던 '우주와 인류의 기원'을 그의 일상과 함께 조망해 봄으로써 다시 한번 그를 회고하고 추모하는 기회를 가질 수 있을 것이다. 아울러 그가 평생을 걸쳐 찾아내고 밝혀낸 우주의 원리를 당대의 물리학자들과 어떻게 공유하고 토론했는가를 엿보는 재미도 있다.

이 책은 호킹 박사를 세간의 가십거리일 뿐인 '신체장애를 극복한 물리학의 권위에 찬 석학'의 모습이 아닌, 우리 이웃의 보통 사람으로서 친근한 모습으로 그리고 있다. 동료와 내기를 걸어 번번이 패하는 모습, 가족과 유지한 친밀함과 유대감, 자녀의 학비를 위해 책을 집필하는 결심을 하는 등 주변의 사람들과 사회 속에서 함께 어울리는 호킹 박사의 모습이다. 이러한 모습을 보며 '물리학의 천재'도 홀로 존재하지 않고 사람들과 함께 어울려 사는 우리의 이웃이라는 생각에 마음이 따뜻하고 훈훈해질 것이다.

오정근

참고 자료

도서와 영상

《그림으로 보는 시간의 역사》, 스티븐 호킹(까치, 1998)

《나, 스티븐 호킹의 역사》, 스티븐 호킹(까치, 2013)

《블랙홀과 시간여행》, 킵 손(반니, 2016)

《블랙홀과 아기 우주》, 스티븐 호킹(까치, 2005)

《빅뱅: 어제가 없는 오늘》, 존 파렐(양문, 2009)

《빅뱅: 우주의 기원》, 사이먼 싱(영림카디널, 2008)

《사랑에 대한 모든 것》, 제인 호킹(씽크뱅크, 2014)

《상대성이론: 특수 상대성 이론과 일반 상대성 이론》, 알버트 아인슈타인(지식을 만드는 지식, 2012)

《스티븐 호킹》, 키티 퍼거슨(해나무, 2013)

《스티븐 호킹》, 크리스틴 라센(이상미디어, 2010)

《스티븐 호킹, 과학의 일생》, 마이클 화이트, 존 그리빈(해냄출판사, 2004)

《스티븐 호킹, 천재와 보낸 25년》, 제인 호킹(흥부네박, 2000)

《스티븐 호킹의 우주》, 데이비드 필킨(도서출판 성우, 2001)

《시간과 공간에 관하여》, 스티븐 호킹, 로저 펜로즈(까치, 1997)

《시간의 역사》, 스티븐 호킹(삼성출판사, 1990)

《시공간의 미래》, 스티븐 호킹, 킵 손, 이고르 노비코프 등(해나무, 2006)

《실체에 이르는 길》, 로저 펜로즈(승산, 2010)

《우리 안의 우주》, 닐 투록(시공사, 2013)

《우주, 진화하는 미술관》, 존 D. 배로(21세기북스, 2011)

《위대한 설계》, 스티븐 호킹, 레오나르드 믈로디노프(까치, 2010)

《짧고 쉽게 쓴 시간의 역사》, 스티븐 호킹, 레오나르드 믈로디노프(까치, 2006)

《최초의 3분》, 스티븐 와인버그(양문, 2005)

《호두껍질 속의 우주》, 스티븐 호킹(까치, 2001)

《Beyond the Black Hole(블랙홀 너머에)》, 존 보슬로(런던: Collins, 1985)

《Black Holes and Warped Spacetime(블랙홀과 휘어진 시공)》, 윌리엄 J. 카우프만 3세(샌프란시스코: W. H. Freeman, 1979)

《Blind Watchers of the Sky(하늘의 눈먼 관찰자들)》, 로키 콜브(리딩, MA: Addison-Wesley, 1996)

《A Brief History of Time: A Reader's Companion(간략한 시간의 역사: 독자 지침서) by Stephen Hawking and Gene Stone(뉴욕: 밴텀, 1992)》

《The Cosmic Frontiers of General Relativity(일반상대성이론과 우주론의 최전선) by William J. Kaufmann III(보스턴: 리틀브라운, 1977)

《The Future of Theoretical Physics and Cosmology: Proceedins of the Stephen Hawking 60th Birthday Conference(이론물리학과 우주론의 미래: 스티븐 호킹 환갑 기념 컨퍼런스 회보), G. W. 기번스, E. P. S. 셸라드, S. J. 랜스킨 편집 (뉴욕: 케임브리지대 출판부, 2003)

《Gravity's Engines》(중력의 엔진들), 케일럽 샤프(뉴욕, Scientific American/Farrar, Straus and Giroux, 2012)

《Gravity's Fatal Attraction(중력의 치명적인 인력)》, 미첼 비겔먼, 마틴 리스(케임브리지: 케임브리지대 출판부, 2010)

《The Large Scale Structure of Space-Time(시공의 거대 구조)》, 스티븐 호킹, 조지 엘리스(케임브리지: 케임브리지대 출판부, 1973)

《Lonely Hearts of the Cosmos(우주의 외로운 마음)》, 데니스 오버바이(뉴욕: 하퍼 콜린스, 1991)

《Memories of the Life, Writings, and Discoveries of Sir Isaac Newton(아이작 뉴턴 경의 삶과 저작, 발견들)》, 데이비드 브루스터(Volume II. Ch. 27, p. 407)

《Perfectly Reasonable Deviations from the Beaton Track(관습에서의 지극히 합리적인 탈선)》, 리처드 파인만(뉴욕: 베이식 북스, 2005)

《The Primeval Atom: an Essay on Cosmology(원시 원자: 우주론 에세이)》, G. 르메트르(뉴욕, 밴 노스트랜드, 1950)

《Stephen Hawking(스티븐 호킹)》, 멜리사 맥다니엘(뉴욕: 첼시 하우스, 1994)

《Subtle is the Lord: The Science and Life of Albert Einstein(알버트 아인슈타인의 과학과 삶)》, 에이브러햄 파이스(옥스퍼드: 옥스퍼드대 출판부, 1982)

《The Very Early Universe: Proceedings of the Nuffield Workshop(아주 초기의 우주: 너필드 워크숍 회보), 케임브리지, 1982년 6월 21일~7월 9일, G. W. 기번스, S. W. 호킹, S. T. C. 시클로스 편집(케임브리지: 케임브리지대 출판부)

〈스티븐 호킹의 우주〉, 우덴 어소시에이츠, 데이비드 필킹 엔터프라이즈 공동 제작, BBC TV 제휴, 데이비드 필킹 제작, 필립 마틴 연출(알렉산드리아, VA: PBS 홈 비디오, 1997)

〈스티븐 호킹의 우주 속으로〉, 가이암 아메리카 Inc, 달로 스미슨 프로덕션(2011)

〈시간의 역사〉, 고든 프리먼 제작, 에롤 모리스 연출(노리치, UK: 앵글리아 텔레비전, 1991)

〈시간의 역사〉, 대본/초안 버전

〈호킹〉, 제작 및 연출 스티븐 피니건(런던: 퍼티고 필름, 2013)

논문

지하철에서 읽으면 박식해 보일 논문들(발표된 연대순으로 찾아보고 싶으실까 봐 시간순으로 나열)입니다. 상당 부분은 방정식을 찾아보지 않고 이해를 못 하더라도 잘 읽히는 편입니다.

Albert Abraham Michelson and Edward Williams Morley, "On the Relative Motion of the Earth and the Luminiferous Ether," *American Journal of Science*, vol. 34 (1887): 333 – 345.

Grote Reber, "Cosmic Static," *Astrophysical Journal*, vol. 100 (1944): 279. doi: 10.1086/144668

John Archibald Wheeler, "Our Universe: The Known and the Unknown," *American Scientist* vol. 56, no. 1 (Spring 1968): 34A, 1 – 20.

S. W. Hawking, "Gravitational Radiation from Colliding Black Holes," *Physical Review Letters* vol. 26 (1971): 1344 – 1346. http://link.aps.org/doi/10.1103/PhysRevLett.26.1344. doi:10.1103/PhysRevLett.26.1344

Remo Ruffini and John A. Wheeler, "Introducing the Black Hole," *Physics Today* vol. 24, no. 1 (1971): 30 – 41. doi: http://dx.doi.org/10.1063/1.3022513

S. W. Hawking, "The Event Horizon" in *Black Holes*, ed. C. DeWitt and B. S. DeWitt(New York: Gordon and Breach, 1973), 1 – 55.

J. M. Bardeen, B. Carter, and S. W. Hawking, "The Four Laws of Black Hole Mechanics," *Communications in Mathematical Physics* vol. 31, no. 2 (1973): 161 – 170.

S. W. Hawking "Black Hole Explosions?" *Nature* vol. 248 (1 March 1974): 30 – 31. doi:10.1038/248030a0

B. Carter, "Large Number Coincidences and the Anthropic Principle in Cosmology" in: *Confrontation of Cosmological Theories with Observational Data*, M. S. Longair, ed. (Dordrecht: Reidel, 1974), 291 – 298. Reprinted in: *Modern Cosmology & Philosophy*, J. Leslie ed., 2nd ed. (Amherst, New York: Prometheus Books, 1998), 131 – 139.

S. W. Hawking, "Black Holes and Unpredictability," *Annals of the New York Academy of Sciences*, vol. 302, Eighth Texas Symposium on Relativistic Astrophysics (December 1977): 158 – 160. doi:10.1111/j.1749−6632.1977.tb37044.x

Ian Ridpath, "Black Hole Explorer," *New Scientist* (4 May 1978): 307 – 309.

B. J. Carr and M. J. Rees, "The Anthropic Principle and the Structure of the Physical World," *Nature*, vol. 278 (12 April 1979): 605 – 612. doi:10.1038/278605a0

S. W. Hawking, "Arrow of Time in Cosmology" *Physical Review D* vol. 32, no. 10 (1985): 2489 – 2495. doi:10.1103/PhysRevD.32.2489

S. W. Hawking, "Inflation Reputation Reparation," *Physics Today* (February 1989): 15, 123.

S. W. Hawking, "Chronology Protection Conjecture," *Phys. Rev. D* vol. 46 (1992): 603 – 611. doi:10.1103/PhysRevD.46.603

S. W. Hawking "Information Loss in Black Holes," *Phys. Rev. D* vol. 72 (2005): 084013. doi:10.1103/PhysRevD.72.084013

C. Montgomery, W. Orchiston, and I. Whittingham, "Michell, Laplace and the Origin of the Black Hole Concept," *Journal of Astronomical History and Heritage* vol. 12, no. 2 (2009): 90–96. http://articles.adsabs.harvard.edu/full/2009JAHH...12...90M

도움을 준 분들

우리 모두의 친구 로이스와 고든 케인, 말콤 페리, 안나 지트코프, 스티븐 호킹의 개인 비서 주디스 크로스델, 베티 앤드 고든 무어 도서관의 이본 노비스에게 감사의 마음을 전합니다. 하나같이 친절과 격려와 시간이라는 선물을 내어주시고, 우리만으로는 꿈도 꾸지 못했을 아이디어와 사람, 장소를 제공해주셨습니다. 모든 방문이 계획대로 이루어지진 않았지만, 스티븐 호킹의 초대를 받아 케임브리지에서 이 책의 출간에 대해 토의했던 일은 생각보다 훨씬 환상적인 일이었습니다. 호킹과의 만남은 로이스를 통해 이루어졌는데, 그날은 힉스 입자에 내기를 건 사람들뿐 아니라 우리에게도 평생 잊지 못할 날이었습니다. 정말로 감사합니다.

그날부터 지금까지 훨씬 더 많은 분이 이 책을 완성하고 더 멋지게 만드는 데 도움을 주셨습니다. 앤드루, 안젤로, 앤, 바비, 캘리스타, 케이시, 크리스틴, 예지, 케일라, 키아라, 마크, 몰리, 롭, 로빈 그리고 타라를 위해 건배!